一本书读懂

外国建筑

顾月明 著

江西美术出版社
全国百佳出版单位

图书在版编目（CIP）数据

一本书读懂外国建筑 / 顾月明著 . -- 南昌 : 江西
美术出版社 , 2024. 7. -- ISBN 978-7-5480-9865-2

Ⅰ . TU-861

中国国家版本馆 CIP 数据核字第 20248F589B 号

出 品 人：刘　芳
企　　划：北京江美长风文化传播有限公司
策　　划：北京兴盛乐书刊发行有限责任公司
责任编辑：楚天顺　郭义德
版式设计：刘　艳
责任印制：谭　勋

一本书读懂外国建筑
YI BEN SHU DUDONG WAIGUO JIANZHU

顾月明　著

出　　版：江西美术出版社
地　　址：江西省南昌市子安路 66 号
网　　址：www.jxfinearts.com
电子信箱：jxms163@163.com
电　　话：010-82093808　　0791-86566274
邮　　编：330025
经　　销：全国新华书店
印　　刷：北京天恒嘉业印刷有限公司
版　　次：2024 年 7 月第 1 版
印　　次：2024 年 7 月第 1 次印刷
开　　本：710mm×1000mm　1/16
印　　张：21.25
ISBN 978-7-5480-9865-2
定　　价：78.00 元

丛书前言

科学征服了世界，艺术美化了世界。

艺术产生于人类文明早期。出土于德国的距今约36000年前的洞穴狮子人牙雕是已知较早的艺术品。这件艺术品表现出早期人类对人和狮子形象的一种自然主义观察，是牙雕中的杰作。如今的我们很难想象，平均寿命只有十几年，且终日忙于寻找庇护所和食物的原始人，为何会耗费大量时间来制作这样一件只能供赏玩而没有实际用处的牙雕。从这个时期开始，人类就开启了对艺术的追求和创作之旅！

32000年前，法国南部阿尔代什省的一个洞穴中，史前人类用赭石在洞壁上绘制了犀牛、狮子和熊，壁画线条流畅，色彩明暗相间。

公元前15000—公元前13000年，洞穴居民们在今法国多尔多涅省拉斯科洞窟的洞顶绘制了一幅幅公牛图案，牛的形象特征鲜明，简练而富有野性。

公元前5000—公元前3000年，中国的仰韶文化制作出了彩陶，彩陶图案具有抽象主义特征，纹理优雅，且有一种朴素的对称美。

4000年前，苏美尔人在一块泥板上刻下了乐谱，这是一首赞颂统治者里皮特·伊什塔的咏歌的指令和音调。

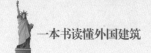
2500多年前，《诗经》收集了自西周初年至春秋中叶500多年间的诗歌300余篇，对中国的文学、政治、语言甚至思想都产生了非常深远的影响。

14—16世纪暨文艺复兴时期，西欧和中欧国家书写了西方艺术史中最灿烂辉煌的一章，《蒙娜丽莎》《最后的晚餐》《大卫》《西斯廷圣母》等传世艺术名作在此期间纷纷涌现。

…………

当然，因为文化的差异，中西方艺术也有很大不同。西方文化通过宗教进行道德和艺术教化，所以西方艺术大多涉及宗教题材；而中国艺术一方面强调对人生境界的追求，另一方面也包含着社会责任，相比之下更具美学意蕴与对生命的体悟。中国艺术没有特别凸显其独立性，可以说中国人的生活就是艺术的生活，中国文化本身就渗透了一种追求艺术境界的艺术精神。中国艺术以立意、传神、韵味、生动作为最高标准。在中国文化中，陶冶情操、提升人生境界需要由艺入道，同时要用道来摄艺，这是中国乐教最根本的精神；中国文化还强调"文以载道"，如周敦颐借《爱莲说》来展现对高洁品格的追求，范仲淹以《岳阳楼记》来抒发"先天下之忧而忧，后天下之乐而乐"的情怀，中国艺术从来不是为了简单地满足五感体验，更重要的是用来教化民众、陶冶情操。因此，中国的音乐、书画、诗歌等都强调表意，欣赏者要先得意、会心、体悟，然后才能回味无穷。

但是无论东方还是西方，艺术与人类文明总是相伴相生的。不夸张地说，以传播美为目的的艺术，揭示了人类文明进化的历史进程。无论绘画、建筑、音乐、戏剧、电影，还是其他的艺术形式，都反映了创作者所处的时代环境和对社会的所思所想；无论原始艺术、古典艺术、现代艺术、后现代艺术还是当代艺术，都是人类文明的代表，它们能够帮助我们对抗记忆的流失，感受时代的脉动。

此时此刻，可能很多读者心中都会浮起一个疑问：艺术对普通人来说到底有什么意义？

艺术是生命成长的必备养料。很多时候，我们对待艺术的态度就是我们对待人生的态度。艺术之美本就包含着持之以恒、多元化思维、善良意志、兼容并蓄等多种美好的元素，用审美的眼光看待世界，我们就能感受到它的无限意味和情趣，工作态度、生活品位与人生境界也能因此得到提升。理解了这一点，我们也就理解了日本教育家鸟居昭美为什么一直强调"培养孩子要从画画开始"。

艺术可以提升人生的幸福感。艺术是人之为人的一种独特生活仪式，它让我们的生命更丰富、更有层次，并能让我们从细微之处获得不一样的人生体验。懂画作的人，会在一幅名作前流连忘返，从线条与色彩中看到画家对生命的热情；懂文学的人，会从文字中取暖，读懂他人的故事，看见自己的人生；懂建筑的人，会透过建筑物的形象，看到设计者的匠心与时代的精神……

本系列丛书包括中国绘画、外国绘画、中国建筑、外国建筑、外国雕塑、中国美学、中国电影、外国电影、中国书法。丛书中对相关理论、历史知识一一备述，将人物、流派、作品、鉴赏等知识娓娓道来。例如：东西方艺术差异从何而来？文学、绘画、建筑、雕塑等各个艺术领域都有哪些杰出的大师与作品？如何通过艺术教育来塑造个人性格、培养自信心？等等。阅读本丛书后，相信读者可以自己找到这些问题的答案。

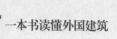

普遍化的艺术教育是文化教育的一部分，是每个人都有必要接触和学习的。本系列丛书尤其适合青少年学习、增广见闻之用。通过艺术教育，培养能力卓越、素质全面的"人"，这已经是当今国际著名大学和艺术院校普遍认同的教育理念。

需要指出的是，艺术教育不是精英教育，艺术也不只属于少数人。我们日常使用的手机与电脑体现的是工艺美术之美，我们的城市建筑、雕塑都是设计艺术的一部分，我们看的电影也同样是艺术结晶……艺术没有门槛，它不要求我们创造，而是带领我们去欣赏这个世界上已有的美好事物。艺术是创造、是消遣，也是激励。它能够消解时空边界，让我们逃离现实的烦扰，去体会不同时代、不同国籍的创作者们的浓烈情感与记忆；它能让我们形成自己的独立思想，体会美、浸入美，进而激励我们去追求更美好的生活。

最后，献上美国第二任总统约翰·亚当斯的名言——"艺术是愉悦的沟通、可爱的品享、无声的奉献、延年益寿的境界、使世界宁静的良药。"

序言

在人类文明产生之初，建筑就出现了。原始人需要一个遮风挡雨的地方，他们或用树枝、树叶在树上搭建木头小屋；或在地上挖坑，以动物的骨头为柱，以动物的皮毛为顶，搭建帐篷式的半穴居棚屋。因此建筑的历史从某种意义上说和人类文明的历史一样长。从空间的角度看，由于地理、气候、交通等的差异，每个地方的建筑都有着自己的地域特点。而从时间的角度看，由于宗教、经济、社会和生产力发展的不同，每个时代的建筑又有其自身的特色。而不同地区之间的文化交流，不同时代之间的传承关系，导致在几千年的历史长河中，世界上的建筑千变万化，相互之间既有区别又有联系。

建筑区别于绘画、雕塑等其他艺术的最大不同之处在于建筑除了讲究美观之外，还得兼具实用性。公元前1世纪，罗马建筑师维特鲁威在其著作《建筑十书》中就提到建筑的三原则：坚固、实用和美观。"实用"指的是建筑内部空间符合建筑的功能与用途；"坚固"是指建筑的结构牢固，建筑的材料和构造能适应当地的环境与气候；"美观"则是建筑要让人感到愉悦，要符合美学的原则。前两个原则都是和建筑的实用性有关。

建筑具有实用性是因为建筑是人类生活、生产发生的场所，但建筑又不仅仅只是承载这些活动的物质环境，它具有多重属性。建筑的形式、结构、装饰等包含了生活于其中的人们情感和需要，体现了建造时代的政治、经济、审美和技术发展水平，甚至有些还上升为所属民族或国家的文化象征。

正是由于建筑有着漫长和复杂的历史，自身的内涵也极其丰富。讲建筑史的专业书籍往往都是大部头。以西方有着百年历史的《弗莱彻建筑史》为例：这部史书有着大量的图片和文字，总页数多达2000页。这对非建筑学专业的朋友来说，阅读起来会有不小的难度。本书作为科普性的图书，旨在有限的篇幅内，让更多的读者能够了解建筑，感受到建筑艺术的魅力。因此选择了一些大众较为熟知且是建筑史上比较经典的建筑，介绍它们产生的背景、建造的技术和艺术特色，并以这些建筑为线索，让读者能对建筑发展有一个整体的认识。

本书从第一章到第九章主要介绍古埃及和欧洲建筑，从古埃及建筑一直讲到20世纪初现代建筑的产生，用时代或建筑风格去划分每一个章节。这部分建筑发展的核心主线是建立在古希腊、古罗马文明之上的犹太—基督教文化体系。从第十章开始，本书将目光转向更广泛的地区，介绍南美洲、除中国之外的亚洲其他地区和伊斯兰世界的建筑。这一部分的章节不再以风格划分，而是用地域来划分。为了便于读者更好地理解，本书为每个建筑配了精美的图片，也尽量避免涉及过多的专业词汇，希望读者朋友们能够喜欢。

目录

第八章　自然与理性——新古典主义、浪漫主义和折中主义

第九章　钢铁、玻璃与混凝土——走向新建筑

第一章

不可思议的奇迹——古埃及建筑

相比现实生活，古埃及人更重视死后世界，因此古埃及建筑最重要的类别就是墓葬建筑。受建造技术的限制，最早出现的具有一定规模的墓葬建筑是在墓穴上砌筑梯形的玛斯塔巴。后来，法老昭赛尔创造性地将玛斯塔巴叠放，于是阶梯式金字塔就出现了。阶梯式金字塔经过漫长的演化，形成了我们现在看到的角锥形金字塔，金字塔的巅峰之作吉萨金字塔群也成了埃及的象征。

中王国时期，国力的不足和金字塔的屡屡被盗，使得法老们选择将自己的陵墓设置在石窟中，在山体上开凿的石窟墓就逐渐取代了金字塔，成为新的法老陵墓。

到了新王国时期，法老们认为秘密陵寝不适合法老崇拜。于是，神庙类的建筑也开始被大规模地建造起来，成为古埃及时期除金字塔外最重要的建筑。卡纳克阿蒙神庙和阿布辛贝神庙在古埃及神庙中很有代表性。

第一节 建筑之初：从玛斯塔巴到金字塔

无论在世界哪个地方，最先建造的建筑都是住宅，有了栖身之处才能创造建筑艺术。古埃及最初的住宅主要分为两种。尼罗河下游三角洲是湿润的平原，黏土与纸莎草较多。于是，下埃及的住宅就以小树干搭建框架，以芦苇编墙，两面抹泥，屋顶是平的，用芦苇、纸莎草束铺设而成。位于尼罗河中游峡谷地带的上埃及住宅多以卵石为墙基，用土坯砌墙，圆木排成平屋顶，上面再铺一层泥。这两种原始形态的房屋并没有什么奇特之处，设计非常简单，构成了古埃及人生活的场所。然而，生活的场所并不是古埃及人最重视的东西，他们更加在乎死后的住所。

古埃及人相信灵魂不灭，在他们看来，生活不过是一个人生命中的一小段过程。人死之后，生命并没有消失，只要身体还在，人终有一天会复活并得到永生。正因为如此，古埃及人非常重视保存亡者的身体，他们费尽心思想要为灵魂提供一个绝妙的皈依之所。因此，古埃及人非常重视陵墓的建造，特别是法老和贵族们，总是不惜人力、物力把陵墓建得非常考究。在最初的沙坑墓穴之后，古埃及人产生了建造地上墓穴建筑的想法，就像我国古人在陵墓前立碑一样，古埃及人希望可以用地上的建筑来表示对于亡者的纪念。由于他们并不知道死后的生活是什么样的，只能够通过现实中的衣食起居来推测死后的生活，于是模仿住宅形式的玛斯塔巴梯形墓就出现了。

"玛斯塔巴"源于阿拉伯语，意思是"板凳"，玛斯塔巴的外形也的确像板凳放置在地面上。长方形的台子，墙面向内倾斜，底部面积很大，向上逐渐收小。玛斯塔巴一般高9米以上，相较于金字塔并不算高大，但是在公元前4000年已经算是比较宏伟的建筑了。玛斯塔巴大都以晒制的泥砖作为建材建造，墙面上通常会画上一些彩色的几何图案作为装饰，后期的一些王室陵墓则在外墙贴上了岩石，并且用凿刻代替彩色图画。玛斯塔巴地上部分主要用于祭祀，通过狭窄的通道到达地下之后，才是陵墓核心的墓室部分。

在金字塔出现之前，玛斯塔巴就是古埃及王室的主要陵墓形式，这种下大上小的建筑形式也是金字塔的雏形。

随着社会生产力的发展，原始的陵墓不能再满足法老的个人崇拜，玛斯塔巴也就越建越复杂。第一王朝皇帝乃伯特卡的陵墓就在祭祀厅堂之上造了九层砖砌的台基，这个变动表明当时古埃及的统治者们已经有了将陵寝建筑向高处发展的念头。

第三王朝的时候，法老的陵墓建筑发生了一个重大改变。公元前2750年，法老昭赛尔为了表明自己作为太阳神之子死后还是另一个世界的统治者，就想要修

▲昭赛尔阶梯金字塔　埃及建造的第一个金字塔，它是后来吉萨金字塔的模板，是游客去埃及的必去景点之一

建一个前无古人的宏大建筑来彰显自己的神性。根据设想，这个建筑不仅要包括一座与法老生前住所相当的宫殿，还要有专门用于庆典和祭祀的楼台。昭赛尔将这项工程的设计工作交给了伊姆荷太普——人类历史上有记载的第一位建筑师。

起初，伊姆荷太普并没有摆脱玛斯塔巴这个传统建筑的思维限制，他认为只需要更换一下建筑材料，用大型切割石材代替泥砖就行。但是，在建造的时候，无论怎样扩大规模，法老还是觉得不满意，认为陵墓难以凸显他的伟大。伊姆荷太普苦思冥想，突然，一个想法跳了出来，那就是将已经扩建几次的玛斯塔巴当作底座，一级一级往上延伸，建造出60米高的宏伟建筑。

经过工匠们日以继夜的工作，第一座金字塔呈现在人们面前，这就是昭赛尔金字塔。作为一个过渡阶段的产物，昭赛尔金字塔并不是纯几何样式，而是阶梯式的，由六层不等高的台阶构成，底部东西长126米，南北长106米，高约60米。除了主体建筑金字塔之外，陵墓还包括周围的祭庙和附属建筑，整个建筑群占地152066平方米。需要注意的是，这个阶段的陵墓建造中，墓室仍旧在地下，金字塔类似于墓碑，是个纪念性建筑。

除了陵墓主体上的创新，昭赛尔陵寝的祭庙、围墙以及其他附属建筑物并没有摆脱传统的束缚，虽然采用石材建造，但是仍然模仿木材和纸莎草的住宅和宫殿。其中，纸莎草作为下埃及的标志，出现在装饰祭庙墙面柱子的柱头，这种模仿纸莎草冠状顶端的柱头也成了建筑史上的第一种柱头。不过，这些柱子装饰精雕细琢，看上去纤细华丽，反而更衬托出金字塔的宏大庄重。

昭赛尔金字塔建筑群的围墙由200段错落有致的墙面构成，其中有14段墙面较大形成棱堡，上面刻着关闭的双门。但只有东面靠近南角的一处是真正的大门，其他13处都是供法老灵魂出入的"假门"。从正门进去，穿过一段狭长、黑暗的甬道，辽阔的天空和宏伟的金字塔就出现在眼前。日光下，站在通道的阴影里，你会感到那六级巨大的台阶就仿佛是通往天堂的阶梯，法老就是通过这段阶梯，到达埃及主神阿蒙太阳神的住所。

第二节　巅峰时刻：神秘的吉萨金字塔群

　　昭赛尔之后的法老们都把陵墓建筑的重点放在了金字塔上，早期的阶梯式金字塔整体坡度并不陡峭，而且每个阶层高度不大，简单地堆砌石块就可以了。如果想要用同样的方法建造更加陡峭高耸的金字塔，难度就非常大，而且建成之后金字塔外层可能会由于支撑力不够出现损坏。这显然是追求生命永恒的埃及法老们所不愿看到的。于是，经过不断地建造技术改进，我们今天见到的角锥金字塔才逐渐代替了阶梯式金字塔。

　　古埃及在第四王朝法老胡夫当政时期终于有能力建造出类似等边三角形的比较陡峭的金字塔。法老胡夫在离当时首都孟菲斯不远的吉萨修建了一座规模极其宏大的金字塔，胡夫之后的一些法老也将金字塔修在了吉萨，于是就形成了吉萨金字塔群。吉萨金字塔群中三座最大、保存最完好的金字塔是第四王朝三位法老所修建的——胡夫金字塔、哈夫拉金字塔和门卡乌拉金字塔，这三座金字塔也是我们现在通过照片看到的埃及成熟金字塔的代表。

　　吉萨金字塔群中最大的金字塔是胡夫金字塔，它是第四王朝第二任法老胡夫的陵墓，由于胡夫金字塔规模空前绝后，所以人们通常称它为"大金字塔"。

　　大金字塔高146米，塔底面呈正方形，边长230米，四个斜面接近等边三角形，占地5.3公顷；塔身由230万块石头砌成，每块石头平均重为2.5吨，有的重达几十吨，石块之间没有使用任何黏合物，却接缝严密，连刀片都插不进去，结构精密，令人惊叹。大金字塔用了如此多的石头，但吉萨周边并不产石矿。在没有滑轮、吊车、起重机和卡车的当时，古埃及人如何将这些石头从远方运来，把它们打磨光滑、放在合适的位置，至今仍然是一个谜。正是由于这些疑惑，金字塔又多了一些神秘色彩。

大金字塔的另一个特点就是摒弃了传统地下墓室的建造方式，胡夫金字塔的墓室修建在金字塔正中的核心位置，大约长10.5米，宽5米，高5.8米。想要在金字塔核心建造墓室，就需要保证墓室的顶部结构能够承受上方石块的重量。于是埃及皇家建筑师们展现了自己的聪明才智，设计了五层的石头平顶。每层由九条石板组合而成，总重达400吨。平顶的上面还有一个用两块巨石斜搭形成的三角形拱顶，巧妙地分散了上层金字塔结构的压力。厚实的巨石顶板，加上精妙的三角形拱顶，确保法老死后可以在这安全的永生之境里

▲吉萨三大金字塔与狮身人面像　三大金字塔分别是胡夫金字塔、哈夫拉金字塔和门卡乌拉金字塔

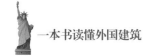

继续自己的统治。

吉萨金字塔群中，规模仅次于胡夫金字塔的是胡夫儿子哈夫拉修建的金字塔，它也是埃及第二大的金字塔。哈夫拉金字塔底边长215.25米，初建成时高143.5米，只比胡夫金字塔矮3米左右。随着风沙侵蚀，两座金字塔遭受了不同程度的损坏，现在它高136.5米，与胡夫金字塔只相差不到1米。但由于哈夫拉金字塔所处地面较高，并且斜面更陡峭一些，因此看上比胡夫金字塔还要更高点。

在哈夫拉金字塔南面，有一整块巨型岩石雕凿而成的大斯芬克斯，据说这尊著名的狮身人面像就是以第四王朝法老哈夫拉为模特精心雕凿的。这尊狮身人面像身长约73米，高21米，脸长5米，一只耳朵有2米多长，是古埃及最大的纪念性雕塑。雕像头戴皇冠，双耳有头巾遮挡，额头刻有神蛇，脖子上围着项圈，面目凝重，威严地注视着东方。如今它虽是千疮百孔，却依然挺立，日夜守护着金字塔。

吉萨高地上三座金字塔中最小的金字塔是哈夫拉的儿子门卡乌拉的陵墓。在门卡乌拉统治时期，第四王朝开始走向衰败，倾尽全国之力，也难以承担修筑金字塔的消耗。因此，门卡乌拉金字塔不得不缩小建筑规模。门卡乌拉金字塔的占地面积不到大金字塔的1/4，底边长108.5米，塔高66.5米，用石灰岩和花岗岩建造而成。

胡夫大金字塔规模上已经难以超越，所以他的后继者们干脆就在金字塔的布局上做文章。吉萨金字塔群并不是一字排开，而是以胡夫大金字塔为中心，分别向东北和西南排列。这种排列方法很好地淡化了后世的金字塔与胡夫金字塔的高度差距，因为从尼罗河以西这一最佳观赏点望去，由于远近不同，肉眼很难判断出各个金字塔的大小。

门卡乌拉之后，埃及的经济和政治逐渐衰退，难以筹集人力、物力建造规模宏大的金字塔，因此，金字塔也走向了没落，无论规模还是使用材料都不如以往。现在，站在尼罗河以西望去，人们仍旧会为吉萨金字塔群的宏大而感叹。

第三节　石窟陵墓：埃及女王的陵寝

　　到了中王国时期，法老们发现金字塔太过于显眼，并且不像想象中的那么牢不可破，盗墓者很快就能找到陵墓的通道，盗窃里面的珍品。另外，由于埃及首都由下埃及平原地区的孟菲斯迁到了上埃及的底比斯，自然环境也发生了很大变化。以前是茫茫大漠，大漠上面建造巨大的金字塔，显得气势恢宏；现在处于峡谷之中，建造宏大的金字塔不太现实。于是，法老们改变了埋葬方式，效仿上埃及贵族的传统，在山体上开凿石窟墓。

　　石窟墓内部仿照人们的住宅形式，墓室内部平面通常为矩形，顶部以平顶和拱顶为主。这些岩墓由一系列沿中轴线排列的空间构成：首先是一个用于公共祭祀的柱式门廊；然后是一个石柱厅形式的礼堂，用于置放雕像；最后是石窟墓的主体——墓室。虽然岩洞墓穴建筑风格比较简单，但是壁画却有惊人之笔，如栩栩如生地描绘了正在交配的两只羚羊，或者正面对峙的摔跤手，还有些壁画描绘的是死者日常生活画面及重要的生平事迹。

　　中王国石窟墓的典型代表是位于尼罗河东岸、距离吉萨金字塔群约200千米的贝尼哈桑墓。贝尼哈桑墓穴中最有特色的就是陵墓内部的柱子犹如莲花，而陵墓外的一些柱子则被做成了八边或者十六边的菱形，顶部则以一块短小的方形石块做柱头。由于这种柱式与后来希腊的多立克柱式风格相近，因此也常被称为"前多立克柱式"。贝尼哈桑墓中出现的前多立克柱在之后

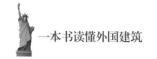

的埃及陵墓建筑中被广泛应用。

由于中王国石窟墓对于盗墓者来说仍然比较容易进入，因此为了确保安全，新王国时期法老们将举办祭祀活动的祭庙和安葬法老遗体的陵墓分开。陵墓部分不再重视纪念性，而是尽可能修建得更加隐秘。古埃及人创造出由一系列狭长复杂通道和墓室构成的甬道式石窟墓。法老们一旦即位，就会尽早地开挖他们的陵墓，至于具体规模则由他们的寿命和财富决定。当法老驾崩时，挖掘工作停止，陵寝也就定型了。法老的葬礼结束之后，石窟陵墓就会被密封，入口也会被隐藏起来。

新王国时期的法老们几乎都将自己的陵墓修建在底比斯对面、尼罗河西岸的一条峡谷中，因为这个峡谷依靠着一座高300余米形似金字塔的天然山峰。这座山峰被埃及人视为女神，保护着所有安息在峡谷中的人们。后世把埋葬法老们的山谷称为"帝王谷"。帝王谷的石窟墓入口都面朝东方，因为埃及人相信只有陵墓向着初升的太阳，太阳神才可以在未来审判之日唤醒墓穴中的死者。

当法老们的陵墓被隐入山崖深处，祭祀法老的祭庙纪念性大大加强。新王国时期，法老的祭庙大都建在帝王谷与尼罗河之间沙漠边缘的平原地带，其中最有特色也最为美观的是第十八王朝哈特谢普苏特女王的祭庙，它同时也是一座供奉太阳神阿蒙的神庙。

在埃及的历史上，作为第一个通过个人能力和才干掌握实权的女法老，哈特谢普苏特是非常值得一书的人物，她是第十八王朝法老图特摩斯一世的女儿。在其夫图特摩斯二世死后，哈特谢普苏特作为太后辅佐年纪幼小的图特摩斯三世处理朝政，她重视贸易，以政治上的强硬著称，之后自立为法老。在这位女法老统治埃及的21年里，埃及无论经济还是文化都得到了很大的发展，因此她的祭庙也建造得格外气势恢宏。

哈特谢普苏特的祭庙与其他法老的祭庙相比，本土风格最为薄弱。这座建筑位于戴尔-埃尔-巴哈利的一座陡峭山壁前，依山而建。从山谷口开始，一条两边立有斯芬克斯雕像的大道通向祭庙的入口。同埃及其他神庙建筑一样，这座建筑也是以轴线为中心对称式布局。进入大门后先是一个宽阔的先导前院，院落的轴线两侧原本有各种不同姿态的女王雕塑，但如今已破损。前院的尽端是一个双柱柱廊，第一排是方柱，后面一排采用十六边形柱；柱廊两端立有女王的雕像。柱廊的中央有一个通向二层平台的坡道。第二层平台的尽端也是一个双柱柱廊，两侧各有一座小祠堂。其中位于北侧的小祠堂更令人关注，因为它的柱廊运用了一种多边形近似圆形的新柱式。这种柱式没有浮雕装饰，上小下大，非常接近千年后古希腊的多立克柱式。通过第二层坡道往上可以来到第三层平台，迎面是一排背靠方柱的女王雕像。之后接一个长方形的廊院，最后是凿入山岩中的供奉阿蒙神的祭殿。整个内部有很多细腻的浮雕和壁画，记载着女王生前的丰功伟绩。

　　与古王国时期的金字塔相比，哈特谢普苏特祭庙并不注重本体建筑的恢

▲哈特谢普苏特女王祭庙鸟瞰图

宏，而是注重营造一个空旷的空间，将祭拜者纳入环境之中，并通过严正的轴线和逐渐抬升的地形变化，渲染一种庄严神圣的氛围。另外，这座建筑巧妙地利用了天然地形，规整的人工建筑与背后岩壁的粗犷既形成鲜明对比，又相辅相成，从而被认为是古代建筑中和自然景观结合得最好的杰作之一。

第四节　千年神庙：神圣的卡纳克阿蒙神庙

在埃及，神庙是人与神、生者与死者沟通的地方。法老是神与人、阴间和人间的中介人。神庙对于法老来说有着双重作用，既是他祭祀神的地方，也是他接受臣民礼拜的地方。特别是中王国埃及重新统一之后，法老为了获得民众的信服，开始自称为太阳神的化身。到了新王国时期，适应法老专制的宗教终于形成。法老不再是一般的自然神，而是高出其他神的"最高神"，因此需要有成套的礼仪和举行礼仪的庙宇来强化法老的神秘性。于是，太阳神庙代替了陵墓成为新王国时期最重要的建筑形式。新王国时期的神庙一般建在平地上，主要集中在首都底比斯附近，其中以卡纳克阿蒙神庙最为有名。

卡纳克位于尼罗河东岸，原是古埃及时期一个小村落的名字。卡纳克阿蒙神庙始建于中王国时期，起初规模并不是非常宏大。但由于中王国与新王国时期的很多法老都是从底比斯起家，进而统治全国的，因此，从中王国开始，底比斯的地方神阿蒙神和太阳神拉相结合，被奉为最高神祇。卡纳克阿蒙神庙经过新王国第十八王朝的大扩建，第十九、第二十王朝的增补，到新王国末期，成了古埃及最宏大、最出名的神庙，同时也变成了皇室专用的

▲狮身人面像大道　这条两旁蹲坐着上百座狮身人面像的大道朝向东北方向，古时候，狮身人面像大道连接卢克索神庙与将近3公里外的卡纳克阿蒙神庙

▼卡纳克阿蒙神庙细节图

神庙。

卡纳克阿蒙神庙东西长366米，宽110米，位于一个圣湖附近。整个建筑群的主轴线为东西向，和尼罗河垂直。主要建筑由西向东包括6道修建于不同时期的大门、大门之间的院落和柱式大厅以及最东端的圣殿。这样的布局是古埃及神庙的典型建制。神庙还有一条南北向的次要轴线，从主轴中部多柱厅后面一个立有方尖碑的院落开始通向阿蒙神庙南面的穆特神庙。

卡纳克阿蒙神庙的主入口在西面。前面有举行宗教仪式的广场。入口的第一道大门是所有门中最高大的，高43.5米，宽113米，由两堵阶梯形状的厚墙组成，中间留有门道。梯形墙上除了雕刻有记述法老重要事件的浮雕外，还有色彩斑斓的彩色装饰，显得富丽堂皇，给人以压迫感。

进入大门后是一个巨大的露天庭院，左、右各有进深一间的柱廊。正面是第二道大门。进入之后就到达了修建于塞提一世和拉美西斯二世时期的多柱厅。这个大厅长104米，宽52米，高24米，不仅是卡纳克神庙建筑中最大的厅，也是古埃及建筑中最大的封闭空间。厅内顶部的石板由134根柱子支撑，分成16排。其中，位于大厅中央构成主通道的两排12根巨柱最为高大，其直径达3.6米，高21米，在圆柱顶端还承载着长9.2米，重达65吨的大梁。巨柱柱头模仿了纸莎草伞形花序的形状。两侧圆柱高13米，柱头为含苞的纸莎草。柱子和墙面上都刻满了彩雕以及象形文字。

多柱厅的柱子又多又密，而且柱身粗大，人们置身其中，如同进入柱子的森林，显得自身非常渺小。所有的柱子支撑着顶端的石板，石板结合得非常严密，遮住了外面的光线。因此，多柱厅顶部封闭，内部昏暗无光。但是，古埃及人还是巧妙地利用大厅中间两排巨柱与其他柱子之间的高度差，开了高侧窗。晴朗的时候，外面的阳光能够顺着这种巨柱间的垂直空隙照亮中部的三条主通道，并且随时间逐渐消失在边廊，充满了变化和虚幻。这种建筑结构上所体现出来的巧妙构思，让人为古埃及人的想象力赞叹不已。

从第三道大门进入，穿过第四、第五、第六道大门，最终可以到达圣所。圣所里有一艘三桅帆船，然后接一个被方柱柱廊环绕的巨大庭院，这里原来是图特摩斯三世的节庆大厅。从节庆大厅环绕走进就是最终的圣殿，阿蒙神像立在红色花岗石基座上。

卡纳克阿蒙神庙具有很高的建筑艺术成就。在大门和神道给人以巨大的视觉冲击之后，内庭院阴沉的回廊、昏暗的神殿以及笔直的构筑空间营造出一种神秘感。神庙的建筑按轴线式布置，一座接在一座的后面，空间也是越来越小，而且私密。这种先是宏伟高大，然后幽暗神秘的手法能够很好地营造出统治者的威严。现在，当我们走过巨大的神庙，仰望高大的塔门；当我们走在光影交错的多柱厅，注视巨大的石柱，纵使年代久远，纵使纹路斑驳，我们依然能够感受到建筑带来的视觉冲击力，仍能想象到当年卡纳克阿蒙神庙的恢宏和壮美。

第五节 太阳的纪念碑：古埃及的方尖碑

新王国时期，神庙建筑开始普及，神庙大门两侧一般会立两座方尖碑。方尖碑碑身呈方柱状，棱角分明，由下而上逐渐缩小，石碑顶端有形似金字塔的碑尖，这个基本造型也是方尖碑名字的由来。方尖碑的碑尖以金、铜或金银合金包裹，在阳光下面，这些合金材料会反射阳光，由于方尖碑一般较高，因此在很远的地方就能看到方尖碑闪耀着太阳一样的光芒。方尖碑造型优美，制作精良，虽然是神庙的附属建筑，但是在很多人眼里已经是古埃及除金字塔外的另一件杰作，这也是为什么我们将方尖碑剥离出来，单独

▲卡纳克哈特谢普苏特女王方尖碑

▼埃及阿斯旺采石场中一个未完成的方尖碑

介绍。

方尖碑外形巨大，有的重达几百吨，但并不是由很多石材黏合而成，而是以整块的花岗岩雕成。根据方尖碑的造型以及它们摆放的位置，我们可以了解到它们的三个主要作用：方尖碑一般放置在太阳神庙门外，碑尖故意造成闪闪发光的效果，是太阳神的标志；方尖碑碑身的四面均刻有象形文字，经过埃及语言学家的破译，这些文字一般记载着法老们的功绩，赞颂法老们统治的伟大，说明这种石碑具有纪念性；当然了，作为建筑群中的石碑，本身也具有装饰性。总体来说，宗教性、纪念性和装饰性就是方尖碑的主要作用，也是方尖碑的建造原因。

根据文字记载，方尖碑一开始在古埃及出现的时候，并不高大，也不算优美。后来法老们渐渐意识到，如果将这种尖利的石碑建得更加高大，就更能彰显法老统治威权，因此方尖碑就越来越高、越来越精美。现存最古老的一座完整的方尖碑是古埃及第十二王朝（约前1991—前1786）法老辛努塞尔特一世（约前1971—前1926）在位时所建，现在，这座方尖碑竖立在埃及首都开罗东北郊原希利奥坡里太阳城神庙遗址前。这座大方尖碑高20.7米，重121吨，是辛努塞尔特一世为庆祝其加冕成为埃及新一代法老而建的。近4000年过去了，这座方尖碑仍旧傲然耸立，向人们展示着古埃及法老的威仪。

方尖碑动辄几十米、上百吨，而且还是用一整块天然石料开凿而成，这就使得石料的选择非常讲究，巨大的体积也给方尖碑的运输和竖立带来了很大的难度。据考证，古埃及方尖碑的石料一般取自阿斯旺，从阿斯旺到底比斯有200公里，方尖碑做好之后，从阿斯旺运到底比斯需要7个月，在哈特谢普苏特神庙中就有描绘从尼罗河上用驳船运送方尖碑的壁画。那么，如此沉重的方尖碑怎么竖立起来呢？考古学家通过考证，推测出了古埃及人竖立方尖碑的方法：先建造一个基座，基座中原本要竖立方尖碑的孔洞里注满沙子，在基座两侧堆砌石头沙子，做成斜坡，方尖碑通过斜坡被拉到基座上然

后将它竖直立于基座上。这时候，通过事先设置好的隧道，掏出基座中的沙子，石碑就会由于重力慢慢立到基座中。

由于年代久远，很多方尖碑都损坏了。现在全世界源自古埃及的方尖碑一共有29座。古埃及被罗马帝国征服之后，很多方尖碑被掠夺，再加上一些方尖碑被当作外交礼物赠送给外国，埃及本土现保存有7座方尖碑。意大利（包括梵蒂冈在内）拥有埃及方尖碑最多，有13座，其中大多数都是古罗马时期从埃及运往罗马帝国的。剩余的9座分布在欧美其他国家：法国1座、以色列1座、土耳其1座、波兰1座、英国4座、美国1座。这些方尖碑中，比较著名的有3座，分别是卡纳克阿蒙神庙的方尖碑、法国巴黎协和广场的卢克索神庙方尖碑，以及罗马梵蒂冈圣彼得广场的方尖碑。

高93米、重350吨的卡纳克神庙（即阿蒙神庙）方尖碑，是一代女法老哈特谢普苏特在位时期的建筑杰作，也是埃及境内最高的方尖碑。哈特谢普苏特即位之后，为了应天顺人，她命人建造了两座当时最大的方尖碑，立在卡纳克阿蒙神庙第四道和第五道大门之间。哈特谢普苏特执政21年后，被她贬到神庙里当祭司的图特摩斯三世发动政变重新夺回了王位。图特摩斯三世为了复仇，在全国范围毁坏女王的建筑和雕像，但是不知道为什么，他没有毁掉女王的方尖碑，仅仅是砌起高墙把它们遮挡了起来。这样的一个报复性的举措恰恰对方尖碑起到了保护作用，等到高墙倒塌，人们才发现方尖碑完好无损，这真是戏剧性的一幕。

法国巴黎协和广场呈八角形，卢克索神庙方尖碑就矗立在广场中心。这座方尖碑高22.83米，重约230吨，碑身是由整块的粉红色花岗岩雕刻而成。卢克索神庙方尖碑造型简洁大气，比例协调，竖立在协和广场，与广场整体的建筑风格非常和谐。方尖碑的碑面上刻着古埃及象形文字，文字内容是赞颂古埃及法老拉美西斯二世的丰功伟绩。

方尖碑的底座基石是后来法国人建造的，上面记载着从埃及运送方尖碑到法国的艰辛过程。1822年，法国考古学家尚波里翁破译了古埃及的象形文字，这使得古埃及历史上许多谜团得以解开。为了表达对这位考古学家的感谢，1831年，埃及总督穆罕默德·阿里将卢克索神殿前两座方尖碑中的其中一座赠送给法国国王路易·菲力普。路易·菲力普非常重视这件事，派人前往埃及接受方尖碑。1831年10月，在埃及方面的协助下，他们先将方尖碑从基座上放下来，然后运到尼罗河滩装上专门建造的大船，经过两年多的漫长旅程才回到法国。法国人非常谨慎，他们为了保证方尖碑能够牢固耸立在正确的位置，悉心准备了3年，才于1836年9月将方尖碑竖立在协和广场中央。现在，这座方尖碑依旧傲然挺立，不过它已经不是埃及法老的丰碑了，而是埃及和法国友谊的象征和古埃及文字研究的里程碑。

罗马梵蒂冈圣彼得广场的方尖碑竖立在著名的圣彼得大教堂前，这座方尖石碑据说是罗马帝国时期罗马皇帝卡利古拉从埃及抢来的，距今已有近1900多年的历史。这座方尖碑碑尖上后来添加了耶稣殉难的十字架造型。梵蒂冈的方尖碑的独特之处就是它是一座无字碑，碑身上没有刻上象形文字，也没有图案。

方尖碑作为单体流落于世界各地，衬托着不同的著名建筑，这也使得这些古埃及人的杰作有了新的意义，成为世界建筑史上的一个奇观。

第六节　阿布辛贝神庙：神秘的太阳日奇观

新王国十九王朝的拉美西斯二世是古埃及最伟大的法老之一，他在位时期也留下了很多杰出的建筑，上文提到的位于巴黎协和广场中心的方尖碑就

是拉美西斯二世时期留下的，除此之外，另一个传世建筑就是努比亚地区的阿布辛贝神庙。

自新王国开始，努比亚地区成为埃及的一个行省，为了利于在当地传播埃及的神灵崇拜，拉美西斯二世在阿布辛贝建造了这座大型岩窟神庙。这座神庙造型非常独特雄伟，是新王国法老王时代最重要的遗迹之一。阿布辛贝神庙建筑群包括两个神庙建筑，除了我们平时所指的大神庙之外，距离它50米左右的地方还有一座哈索尔神庙，这座神庙较小，是拉美西斯二世为他最宠爱的妻子奈菲尔塔利修建的。

阿布辛贝神庙建在尼罗河西岸的崖壁上，面朝东方。最引人注目的就是背靠悬崖大门前的4座拉美西斯巨像（其中一座毁坏了），高20米，总体看上去气势恢宏、摄人心魄。这些法老巨像戴着独特头巾，端坐在那里眺望远方，仿佛整个世界都在他们眼底，都归他们统治。巨像和巨像的两腿之间还

▲阿布辛贝神庙

有拉美西斯母亲、妻子和儿女的小雕像。尽管阿布辛贝神庙的法老雕像非常高大，但仍旧是从整体岩石上雕刻而成，绝非巨石拼凑而成。古埃及人手法娴熟，无论巨像，还是周围的小雕像，都是栩栩如生。这些大大小小的雕像历经3000多年的风雨洗礼，多数仍然完好无损，可见其石质之坚硬。当然，这与古埃及人高超的选料水平是分不开的。想象一下，3300多年前，古埃及人从巨大的山体上，用人工劈凿出这个宏伟建筑的时候，该有多么艰辛。

　　阿布辛贝神庙整体高30米，宽36米，纵深60米。内部空间布置方式与底比斯神庙类似。跨过4座巨像之间的神庙大门后，经过一个过道，到达的是神庙的中堂。中堂内沿轴线对称布置8根起支撑作用的方立柱，每根柱子前都立着一尊高达9米的拉美西斯二世立像。这些立像面向中心通道，身穿礼服，双手交叉放在胸前，模仿古埃及传说中统治冥界的神——奥西里斯。这些柱子也表明这间中堂相当于埃及传统神庙的大柱厅。中堂室内的雕刻非常精彩，

▲阿布辛贝神庙的太阳节奇观

在两侧的墙壁上，雕刻着拉美西斯二世在卡叠什（现叙利亚地区）和赫梯人激战的壮观场面。顶部天花板上画着飞翔的兀鹰，这是法老的标记。

穿过中堂再往里深入是后厅，厅里有4个方柱。在后厅尽头，有一间小石室，是神庙的圣殿，里面并排摆放着4座石像，从左至右分别是普塔神、阿蒙·拉神、神格化了的拉美西斯二世、拉·哈拉赫梯神。这四尊雕像就是整个神庙最神圣的部分，代表着埃及最重要的神祇，拉美西斯二世将自己和古埃及最重要的神放在一起，可见其雄心。

神庙里本应供奉着神，这并没有什么稀奇；庙门外的4个20米高的雕像虽然雄伟，但是由于有工程更浩大、技术更复杂、年代更久远的金字塔珠玉在前，也似乎难以与之相提并论。人们之所以对这个神庙惊叹不已，是因为它的设计者巧妙地运用天文、建筑、物理知识，造就了一个奇观。按照拉美西斯二世的要求，神庙建成之后，只有每年拉美西斯二世的生日（2月21日）和登基日（10月21日），阳光才能从神庙大门射进来，穿过两个大厅以及将近60米深的走廊，依次照耀在石室中右边3座雕像的全身上下，20分钟之后，阳光转移，再也照不进来了，只能等法老的下个生日或者登基日。埃及人将这个奇观称为"太阳节奇观"。

太阳节奇观的设计有多精妙，通过一件事就能够看出来。20世纪60年代，神庙附近要修建阿斯旺水坝，这个水坝将导致神庙淹在水中。为了保护遗迹，联合国决定将神庙切割并上移。当时，国际一流的科学技术人员，运用最先进的测算手段，费尽心思才保留了太阳节奇观，但是太阳光照进来的时间误差了一天。60多年前的科学家没能做到的事情，古埃及的建筑师在3300多年前就做到了，由此可见古埃及建筑师技艺的高超，这也是阿布辛贝神庙建筑的精粹所在。

第二章

西方建筑的起点——爱琴海与古希腊建筑

爱琴海地区和古希腊是西方文明的发源地。在建筑方面，更可以说是欧洲建筑的起点。与古埃及建筑相比，古希腊的建筑不仅在尺度上令人称奇，它们还精细入微，具备了精致、流畅的特点，看上去更加舒服，令人愉悦。

　　柱式是古希腊建筑的主要特色，它的三种柱式——多立克柱式、爱奥尼柱式、科林斯柱式——影响着欧洲2000多年的建筑史。古希腊建筑也紧紧围绕这三种柱式建造，其中，雅典卫城帕提侬神庙是多立克柱式的巅峰之作；卫城的伊瑞克提翁神庙则是爱奥尼柱式神庙建筑的代表作之一；雅典的宙斯神庙则是典型的科林斯柱式建筑。

　　除了三种柱式之外，古希腊建筑的布局以及宏伟和谐的风格都为之后的西方建筑奠定了基调。德尔斐的阿波罗圣地、阿索斯中心广场等著名建筑都是古希腊建筑作品中的璀璨明珠。

第一节　米诺斯王宫：高山绿水间的迷宫

　　古希腊文化之前有一个前希腊阶段，这一阶段的文明主要集中在克里特岛上和迈锡尼地区。这两个地方的文明有一定渊源，十分类似，被称为"爱琴文明"，是古希腊文明的起源。位于爱琴海南部克里特岛上的米诺斯文明最早大约可以追溯到公元前3000年，一直持续到公元前1450年。这个文明的名字来自《荷马史诗》，传说中克里特岛的米诺斯国王修建了巨大如迷宫般的宫殿，但是千百年来人们一直找不到这个宫殿在哪里，以为有关米诺斯王宫的事情纯属虚构。直到1900年英国考古学家阿瑟·伊文思在克里特岛上发掘出了米诺斯王宫的遗址和大量文物，才证实了这个文明的存在。米诺斯王宫也成为克里特岛建筑的代表作。

　　米诺斯王宫大约修建于公元前2000年—公元前1600年，是一座依山而建的庞大建筑群。整个王宫占地2万多平方米，有大小几百间房屋。整体平面接近正方形，没有严格的轴线，布局并不讲求对称。中央有一个52米长、28米宽的庭院，房间围绕院子布置。这个王宫并没有围墙，外轮廓也根据地形进进出出，高低错落。众多房间由复杂曲折的柱廊、楼梯来连接，布局相当复杂，难怪被称为迷宫。

　　米诺斯王宫虽然布局自由，但是功能分区非常明确。公共机构和行政办公的房间在院子的西边，二到三层高，院子周围有大柱廊。西边还有用来做仓库的房间，里面并排着很多大缸，不知道是用来储存食物还是酿酒的。东边是生活区，有国王、王后起居的房间、接待室和学堂等。这些建筑都围绕

▲米诺斯王宫　这座宫殿屡毁屡建、屡建屡毁，考古学家曾从这里发掘出很多有价值的文物

▲米诺斯王宫废墟中的花瓶

采光天井布置。生活区中还有一个引人瞩目的列柱大阶梯，十分气派。王宫的北边有一座剧场，是露天设计；在东南边上有出口，通过阶梯可以走到山脚下。

圆柱在这座宫殿中有非常广泛的运用，不仅出现在各种入口处，还常常用来划分空间。这些圆柱是克里特岛传统的木柱，上粗下细，柱头为厚实的圆盘，柱础比较薄，柱身被涂成黑色或者红色，别具一格。

米诺斯王宫的内部装饰非常精美，每个房间的墙上都绘有亮丽的壁画和几何形的纹饰，十分漂亮。长廊上也有壁画装饰，虽然绘制于3000多年前，但是看上去依旧十分鲜艳，据说是因为所用的原料来自当地的植物和矿物。壁画的题材也十分丰富，有的描绘了欢庆的舞蹈队伍，有的描绘了祭祀时向神灵献上祭品的情景，有的描绘了比赛的激烈情形，还有的干脆是动物和风景画，如牛、海豚等。这些壁画中，《戴百合花的王子》最有名。这幅壁画位于院子南边的一间宫室中，画中王子头戴孔雀羽王冠，上面插有装饰用的百合花，身着短裙，用皮带束腰，正在花丛中悠然散步。这些壁画表明当时克里特人已经开始重视建筑装饰，并有了一定的建筑审美观。

米诺斯王宫遗址不仅体现出当时的建筑规划水平、艺术水准都非常高，且还具有相当发达的施工技术。米诺斯王宫中已有供水设施，王后居室中还有冷热水交替的浴池、抽水马桶等设备，排水设施也十分先进。可见，米诺斯文明是当时极为强盛的文明。

第二节　迈锡尼文明的中心：迈锡尼卫城和狮子门

公元前1450年，克里特文明衰落，而另一边希腊巴尔干半岛上，迈锡尼文明开始进入兴盛期，成为爱琴海地区的霸主。与克里特商业文明不同，迈锡尼人是一个好战的民族。由于战争的需要，他们常常会在居住地附近选择一个高点修建厚实的城墙和防卫工事，称为"卫城"。国王一般都住在卫城里，当遇到外敌来袭，生活在附近的平民也可以进入卫城躲避。因此卫城是迈锡尼文明最重要的建筑。这些卫城设施完备，辉煌壮丽，成为后来希腊古典时期卫城建筑的模板。

迈锡尼城位于阿尔戈斯平原上，是《荷马史诗》中率领希腊联军攻打特洛伊的国王阿伽门农的驻地。迈锡尼卫城坐落在一个小山丘上，修建于公元前14世纪后期。19世纪80年代开始，德国考古学家谢里曼开始发掘这座古城。随着一次次发掘，迈锡尼城堡渐渐显露出当年的模样，城墙、皇宫、墓葬等陆续出土，人们由此见识到了3000多年前的文明和古人高超的建筑工艺。

卫城的周围有一圈1公里长的石砌城墙。城墙的修建依照山势，上端取平，所以城墙本身高低不一，一般有五六米高，最高处有将近17米。城墙全部用加工成长方形的巨石建成，高大厚重，风格浑朴。

卫城的入口在城墙的西北角上，入口前两侧城墙突出，形成一个夹道，有利于防卫。城门就是著名的"狮子门"。它不仅是当时防御性城门的代表作，也具有纪念碑的特点。这个城门宽3.5米，由一横两竖3块完整巨石构成。两个竖着的巨石是门柱，高3.15米，支撑上方的门梁。门梁也是一块完整的巨石，长4.5米，宽约2.4米，中间厚约1米，两端逐渐变薄。单这一块石头就重达20吨。为了不再增加门梁和石柱的负担，迈锡尼人利用叠涩拱让城墙的石块逐层出挑，在石梁上方3米高处相交，保证了城墙的连续性。在叠涩拱下面形成的三角形空间中，镶入了一块三角形的石板，石板上刻着一对狮子，这也是狮子门名称的由来。这两只狮子一左一右，前足踏在中间的祭坛上，保护中间一根象征宫殿的圆柱。这根柱子上粗下细，和米诺斯王宫中的柱子风格类似，显然受其影响。这块三角形石板整体构图粗犷强悍，雕刻生动饱满，让每个进出城门的人都能感受到雄狮的威严，接受它们目光的检阅。希腊地区没有狮子，但迈锡尼文明却把狮子当成图腾来崇拜，因此有人推测迈锡尼文明受美索布达米亚或者是古埃及文明的影响。狮子门看似结构简单，

▶迈锡尼文明遗址

风格浑朴，甚至带着一点笨拙，但灵巧的设计让它在风雨中屹立了3000多年。门上浮雕中的那对狮子，也成了人类雕刻艺术中最早的一批精品。

狮子门前的阶梯是用整块的石头铺成的，上面车辙的印迹是古人留下来的，可见当年这里是何等繁华。人们从这里进入城内，一眼便可望见国王的皇宫、圣火祭坛、成片的墓葬。卫城内，王宫或祭祀等重要建筑都集中在地势的最高处。迈锡尼国王的皇宫，设施齐全，有卫室、门厅、接待室、前厅、御座厅、浴室、庙宇等。其中，主厅前有门廊，入口两侧有一对圆柱。厅内长12.6米，宽11.7米，有四根圆柱支撑屋顶，正中心修筑了一个祭祀祖先的圣坛，墙上和地板都装饰着色彩艳丽的图案和壁画。

在迈锡尼城南边不远处，有一处地方被称为"阿特柔斯宝库"。阿特柔斯是阿伽门农的父亲，这个宝库据说就是当年埋葬阿伽门农宝藏的地方。这个墓室建于公元前1250年左右。墓室的入口是一条长达35米的石头引道，引道建得很精致，在尽头有一扇巨石砌成的大门。这个大门与狮子门一样采用了三角叠涩拱，比狮子门更高大，单是砌成门梁的那块巨石便长8米、宽5米、厚1.2米，重量更是达到了100吨。墓室内部是圆形，直径14.5米，上面有一个高13.2米的叠涩穹窿。这个墓室在其建成后1000多年里都是世界上最大的穹窿结构建筑。

第三节　柱式结构：希腊古典建筑的三种柱式

自公元前1300年左右受到多利安人的入侵，迈锡尼文明逐渐衰落。此后经过了一段漫长的"黑暗时期"，多利安人、爱奥尼亚人等多民族文化在这

一过程中逐渐融合。到公元前8世纪，终于逐渐形成了以巴尔干半岛、爱琴海为中心的希腊城邦文明。

古希腊人将他们极大的热情和创造力都投入到神庙的建设当中。和古埃及不同，希腊的神庙是神在人间的住所，因此神庙内部安放神像，却没有供人礼拜的空间。举行祭祀的地方在神庙外，因此建筑的重点也在外部。早期的希腊神庙是长方形的厅，三面是墙，剩下一面是出入口。后来为了保护墙面免受雨水侵蚀，希腊人又在神庙最外面加了一圈柱廊，这种围柱式神庙就成为希腊神庙的典型形制。因此神庙最重要的造型特征和区分方式就是柱廊所采用的柱子的造型，即所谓的柱式。

柱式，其实不仅仅是柱子或柱头的样子，也包括柱间距、柱子排列方式、檐口样式等，是一个整体的概念，体现整个建筑各个部分以及各部分和整体之间的比例、节奏和秩序。柱式不仅是希腊建筑的核心，更是西方古典建筑的核心。自公元前7世纪起，古希腊建筑开始由原本小规模的木结构建筑向大规模的石头建筑发展，同时一起发展的还有柱式。

古希腊早期建筑中，最理想的是多立克柱式和爱奥尼柱式，后来爱奥尼柱式又衍生出了科林斯柱式，这三种柱式也就共同支撑起古希腊建筑的艺术殿堂。

最先兴起的是多立克柱式。这种柱式产生于多利安人居住的希腊南部、意大利南部和西西里地区，可能和迈锡尼甚至埃及的柱式有一定联系。多立克柱比例较粗壮，包括柱头在内的柱子高度是底部直径

▲古希腊多立克柱式草图

的4~6倍，象征男人。相传，建筑师测量了希腊男子的身高和脚长，确定了这种柱子的柱高柱径之比。多立克柱式一般都直接立在台基之上，没有柱础。台基有3层台阶，环绕建筑一周，这样就很好地缓解了建筑的突兀感。由于台基的3层台阶一般比较高大，不适合人们通过，所以，在台基上还设立了单独通道，方便人们进入建筑内部。

多立克柱柱身有20道半圆形凹槽，凹槽与凹槽之间呈棱角状。柱子下粗上细，中间稍稍膨出，呈现受力后自然形成的弧度，看上去十分生动，充满力量感。多立克柱式的另一个特点是柱头有倒圆锥台，作为由柱子向额枋（相当于梁）的过渡，圆锥台没有装饰，十分简洁。多立克柱式的檐部分量比较重，高度大约是柱高的1/3。檐壁部分由三陇板和陇间壁构成，其中三陇板原是木结构建筑中遮挡木梁端头的一个装饰构件。可见在多立克柱式中，还能看到早期木结构房屋的一些痕迹。

多立克柱式建筑的巅峰之作是雅典卫城帕提侬神庙。现在我们站在神庙前面，看着白色高大的柱子，会觉得异常肃穆和庄严。其实，多立克柱式建筑并非原来就是如此。要知道，神庙建成的时候，除了周围众多栩栩如生的雕塑之外，神庙的柱子以及庙顶的装饰构件都会被涂上绚丽多彩、奢华耀眼的颜色。只是经过了近3000年的沧桑之变，神庙的浮华绚丽都被洗去了，只剩下坚固挺拔的多立克柱耸立在那里，让我们唏嘘感慨。

第二种柱式是爱奥尼柱式。爱奥尼柱式源于小亚细亚沿海爱奥尼亚人生活的地区。爱奥尼亚人是古希腊与多利安人并立的另一部族。由于靠近西亚，爱奥尼柱式受到西亚地区装饰风格的影响。柱子比较细长，柱高是柱子底部直径的9~10倍。柱间距比较宽，约为2个柱底部直径。

爱奥尼柱最具特点的部位就是柱头，两个对称向下卷的涡卷装饰，看上去像是女性的发卷从内绽放，比多立克柱式复杂。柱头和柱身之间有一个明显的雕刻线脚带。柱身有24条圆凹槽，但凹槽与凹槽之间比较平滑。柱子整体下

粗上细，但柱身弧度不太明显。不同于多立克柱式，爱奥尼柱有线脚丰富的柱础，一般分为三个部分：最底部的方形柱基（原本是圆柱形，后来为了突出柱础和柱身的对比，演变为方形）、一个或两个旋状构件组成的凹弧线脚、最上层与柱身相连的圆盘线脚。爱奥尼柱式的檐部比较轻盈，只有柱子高度的1/4。额枋部分是三级逐渐轻微出挑的线脚装饰。檐壁没有三陇板和陇间壁，取而代之的是连续的横向浮雕装饰。

相比于多立克柱，爱奥尼柱式整体风格更加华丽丰富、纤细柔韧，代表了女性。爱奥尼柱式的典型代表有雅典卫城的胜利女神神庙和伊瑞克提翁神庙。

科林斯柱式是希腊古典建筑中最晚出现的柱式，出现于公元前5世纪。相传希腊雕塑家卡利马库斯在科林斯看到一位少女墓前的花篮和周边的莨苕获得灵感发明了这种柱式，于是科林斯柱式就由此得名。严格来讲，科林斯柱式并不是独立的柱式结构，而是由爱奥尼柱式衍生出来的。因此，科林斯柱式与爱奥尼柱式各个部分都非常相似，唯有柱头将经典的涡形装饰改为莨苕叶纹装饰。莨苕叶层层叠叠，交错环绕，其间夹杂着繁茂的卷须花蕾。这个设计看上去更加华丽，就像是一个花篮被放置在了柱子顶端。由于莨苕叶的装饰环绕整个柱头，因此科林斯柱式弥补了爱奥尼柱式不能侧面欣赏的缺陷，真正做到了从各个观赏角度都可以欣赏，更具观赏性。目前可以看到的最有代表性的科林斯柱式古希腊建筑是雅典的宙斯神庙。

第四节　帕提侬神庙：雅典的永恒之美

帕提侬神庙是多立克柱式的巅峰之作。作为雅典卫城的核心建筑，帕提侬神庙坐落在卫城中一块巨大的高地之上，无论建筑坐落的高度还是建筑规模都凌驾于其他建筑。从雅典城各个方向都可以看到位于卫城顶端的这一神庙。帕提侬神庙是古希腊建筑艺术的最高成就，被称为"神庙中的神庙"，有"希腊国宝"之称。

帕提侬神庙是献给雅典娜女神的。"雅典"城的名字就来源于它的守护神雅典娜。传说海神波塞冬与智慧女神雅典娜的战争就是为了争夺雅典城的守护权，最后他们达成协议：能为人们提供最有用东西的人，就能成为雅典城的守护者。波塞冬送给人类一匹骏马，象征着战争；而雅典娜送给人们一棵枝叶繁茂、果实累累的油橄榄树，象征着和平。人们渴望和平，不要战争，因此雅典娜得到了民众的拥护，取得了雅典城的守护权。

公元前490年，雅典人在雅典城42公里外的马拉松打败了波斯人，以此为契机，他们为雅典的守护神雅典娜建造了新神庙。但是，十年之后，波斯

▲雅典卫城帕提侬神庙　帕提侬神庙的设计代表了全希腊建筑艺术的最高水平

人占领雅典，破坏了神庙，雅典人异常恼怒，将波斯人赶走之后，他们保留了神庙遗址。公元前450年，雅典人在伯里克利领导下，再度将军事和经济发展到了高峰，于是他们聚集最好的建筑师和雕刻家，在卫城顶端造出了惊世之作。

帕提侬神庙背西朝东，耸立于3级台基上，神庙基座长69.54米、宽30.89米。东西两立面的山墙顶部距离地面19米。除屋顶用木材以外，神庙其他部分都是由晶莹洁白的大理石建造而成。帕提侬神庙是多立克柱式与爱奥尼柱式的完美结合。神庙东西正面采取八柱的多立克柱式，南北两侧则按照侧面柱数为正面柱数的2倍多1的典型模式，有17根巨柱，柱高10.5米，柱底直径1.9米。和早期的多立克式神庙相比，帕提侬神庙的多立克柱更为纤细，檐部也更为轻巧。

在古希腊人看来，美来自比例和秩序。而帕提侬神庙正是符合这一理念的完美建筑，它的每一个尺寸，从整体到局部，相互之间都有相当严密的比例关系。神庙总宽与总长的比接近4∶9；柱子底部直径与柱子中线间距之比是4∶9；立面水平檐口高度和神庙宽度比也是4∶9；立面水平檐口高度和神庙总长的比是16（42）∶81（92）。显然4∶9是希腊人非常喜爱的一个比例。这种在众多关键尺寸上运用统一比例的方法使帕提侬神庙整体看上去无比和谐美观，就像是"凝固的音乐"一样，让人陶醉其中。

不过，帕提侬神庙建筑的完美之处并不只在这些死板的数字上，还在于为了获得更好的视觉观赏效果而对建筑做出细微的矫正。为了避免由于人眼的错觉而使建筑中央有下垂的感觉，帕提侬神庙中包括台基、额枋、檐口在内的长水平线条，全部都向上微微隆起。为了使神庙在整体上显得更为稳重，所有柱子也都向建筑平面中心微倾。据说这些柱子中心线向上延长可以在2.4千米的高处相交于一点。换句话说，实际上帕提侬神庙里并没有一根垂直或水平的线条。为了校正在明亮天空背景下角部的柱子显得较细的错觉，最外侧的柱子不仅稍稍加粗，柱间距也略微减小。

当然，这些矫正视觉效果的设计并不是帕提侬神庙独有的，但是，相对于其他建筑的浅尝辄止，在帕提侬神庙中，视觉矫正到了无微不至的地步。这些视觉上的不协调其实都是极其轻微的，普通人几乎觉察不到。但当时的设计师、工匠们却能够将肉眼几乎无法分辨的细小之处考虑在内，真是令人佩服。经过这一系列的细调，帕提侬神庙达到了视觉上的完美协调，成为艺术史上建筑美的最高典范。

帕提侬神庙和传统神庙一样，有两个内殿——神堂和少女室。每个内殿的入口前方都有一排6根尺寸小一号的多立克柱子。从神庙正立面可进入宽18米的神堂，入口朝向东方。神堂内供奉着古希腊最伟大的雕塑家菲迪亚斯的雕刻作品——雅典娜神像。神像是雅典娜的站立像，长矛靠在雅典娜的肩上，盾牌放在她身边。雅典娜右手托着一个黄金和象牙雕的胜利之神；黄金铸成的头盔、胸甲、袍服色泽华贵沉稳，象牙雕刻的脸孔、手脚、臂膀显出柔和的色调，宝石镶嵌的眼睛闪闪发亮。神像设计灵巧，可以搬动或转移隐蔽。这种由名贵象牙和黄金雕刻的雕塑，一般都是小型的，但是这座雅典娜神像高12米，由此可见当时希腊的富足和万丈雄心。这个神堂在技术上较为创新的是，内部采用了双层多立克式柱廊，围绕在巨像的左右和后方，不仅扩大了中央空间，还为神像提供了宏大的背景。遗憾的是，这座艺术珍品在公元146年被东罗马帝国的皇帝抢走，遗失海上。现在人们只能根据古罗马时代的小型仿制品来想象当年雅典娜神像的英姿。穿过神殿的柱间走廊来到内殿西面比较小的房间，这里是少女室——真正的帕提侬室。这个房间可能是用来放置圣器以及贵重财物的宝库。室内用了四根具有女性优雅气质的爱奥尼柱围出一个正方形空间，开创了两种柱式混合使用的先例。

帕提侬神庙不仅在建筑方面巧妙宏伟，在雕刻上也很有艺术特色，出自菲迪亚斯的作品遍布整个建筑内外。除了最主要的雅典娜神像之外，东西立

面屋顶下方三角形山花以及檐壁的陇间壁都有色彩鲜艳的大型浮雕。东面山花浮雕刻画的是雅典娜的诞生，西面山花浮雕讲述的是雅典娜与海神波塞冬竞争保护神的故事。四个立面檐壁上总共有92块陇间壁，雕刻着奥林匹斯诸神与巨人、雅典英雄与亚马孙女战士、半人马族与拉皮斯人之间的战争。神庙内殿外围檐壁有一整圈160米长的爱奥尼式装饰带，装饰带用连续浮雕表现雅典人民庆祝大雅典娜节的游行盛况：有欢快的青年、美丽的少女、拨琴的乐师、献祭的动物和主事的祭司。浮雕上的人物超过350个，形象各具特色。值得注意的是，这一浮雕带将视角放在普通民众身上，纪念大众的社会活动。这种创新从侧面反映了当时雅典民主政治已经非常先进。

第五节　伊瑞克提翁神庙：雅典保护神的居所

如果说帕提侬神庙是男性风格建筑的话，那么雅典卫城上另一著名建筑伊瑞克提翁神庙则是一座女性风格建筑。这座献给雅典国王伊瑞克提翁的神庙是现存的爱奥尼柱式建筑代表作之一。神话中，伊瑞克提翁为了保护雅典而与海神波塞冬战斗，最终英勇牺牲。伊瑞克提翁神庙还是雅典城的创立者凯克洛普斯的安息地，南面靠近雅典娜神庙的遗址，北面有传说中波塞冬和雅典娜竞争雅典保护权时用三叉戟击出的泉眼，西侧还种有传说中雅典娜赐予雅典的橄榄树。如此多的圣迹汇集于此，因此这座神庙在古希腊时期备受人们重视。同时，它也是重建卫城计划中最后完成的一座重要建筑，设计非常精巧。

伊瑞克提翁神庙位于帕提侬神庙北部，其并非坐落在平坦的地面上，有一条3米多高的断层从神庙所在的基地中间穿过。受到地形以及各种圣迹的影响，神庙最终采用了一个独特的不规则平面形式，内部被划分成四个不同平面高度且各自独立的小殿，同时四个立面也做了不同的处理。

东部是主入口，采用了爱奥尼式六柱门廊。在门廊的天花板与地板上都有方形孔，据说是被海神波塞冬的三叉戟刺穿形成的孔洞。门廊内是雅典娜神殿。因受地形的限制，在伊瑞克提翁神庙的主殿两边没有侧廊，因此也被称为"无翼式神庙"。雅典娜神殿西侧的墙就砌在基地的断层之上。断层之下神庙的西端是一个前室和两个内室，两个内室分别供奉伊瑞克提翁的双胞胎弟弟布特斯和兄弟俩的父亲火神赫菲斯托斯，前室则是献给伊瑞克提翁的圣殿。由于整个神庙西侧地势比东面低了3.2米，神庙的西立面砌了4.8米高的基座墙，在基座墙上立有4根爱奥尼半柱，柱子的大小和比例与东门廊类似。西立面比较特别的是，在柱子之间的墙上开了窗，这是现存古希腊爱奥尼建

▲伊瑞克提翁神庙中的少女柱廊

筑中唯一的实例。

由于神庙西边无法开门，只好朝向北面设置大门。考虑到从山下观赏的效果，伊瑞克提翁神庙在北门前造了一个四柱式的伪双排柱门廊，并突出于神庙的西端。这个门廊的柱子也全部采用爱奥尼式柱式，并且由于北面地势较低，这些柱子相对增加了高度，使之与主殿协调一致。伊瑞克提翁神庙整体通过这种柱式的高低变化来应对地形的变化，达到总体的平衡。北门廊的入口大门，是古希腊建筑中保留下来最完整的一座。大门上部两侧采用了与爱奥尼式柱头相类似的涡旋图案装饰，这与整个神庙所使用的爱奥尼克式柱相辅相成，非常协调。除了这个大门外，北门廊向西突出的部分还有一个小门通往神庙西部被墙体包围着的一个空地，那里耸立着神圣的雅典娜橄榄树。

伊瑞克提翁神庙最精彩的部分是建筑西南角的女像柱门廊，由6座高2.1米的神态逼真的少女立像为柱支撑顶盖。人像柱其实并不是古希腊主要的柱式类型，不过由于人像柱特殊的造型总能让人眼睛一亮，这也成了伊瑞克提翁神庙中的点睛之笔，给人留下了深刻的印象。这6座女像柱，立在一个高出地面约2.4米的大理石台基上，全部面朝南面，以4座在前、2座在旁边的方式排列，使柱廊形成了一个规则的长方形，将雅致的檐部轻轻顶起。关于这些少女形象的来源有很多种说法：有人说她们是卡利亚城的女俘，为了表示永远的惩罚，让她们用脑袋支撑屋顶；也有人说她们是头顶供奉品在祭祀艾特密斯女神的卡利亚城姑娘。这些少女们身着古典服装、头上顶着雕刻如碗状的花篮，屈腿扭腰，凸显出优雅曼妙的身姿。少女们身上衣服的垂向褶皱与对面帕提侬神庙多立克柱柱身的沟槽遥相呼应。

女像柱好看，但是设计上有难点。由于檐部石顶的分量很重，六位少女要顶起沉重的石顶，颈部就必须设计得足够粗壮，但是，如果颈部粗壮，从整体上看必然会缺乏美感。这个难点并没有难倒古希腊的建筑设计师们，他们把每座少女像颈后保留的长发设计得非常厚实，头发多了，少女们反而显得更加曼妙了，这样既实用又优雅美观，成功地解决了建筑美学上的难题。每座女像柱从头发到表情，再到满是褶皱的长裙，都被雕刻得栩栩如生，是希腊艺术充满人性的证明。不过如今在神殿中看到的女像柱都是复制品，为了保护古迹，使其免遭环境因素的破坏，6座石柱中的5座真品收藏在卫城的博物馆中，另外1座女像柱真品则收藏在英国的大英博物馆中。

无论爱奥尼柱式的秀美，还是女像柱的华丽，都展现出了希腊当时的风貌。雅典卫城中的这些建筑历经沧桑，如今仍旧象征着古希腊建筑的华美和隽永。

第六节　德尔斐阿波罗神庙："世界之脐"的神谕圣地

德尔斐是希腊最古老的城市之一，位于帕尔纳索斯山脚下。德尔斐最有名的要数阿波罗神谕和阿波罗神庙。

对古希腊人来说，聆听神谕是与神沟通的重要宗教活动。古希腊有许多神谕宣示所，其中德尔斐神谕在当时最负盛名，被看作最接近上天旨意的神谕。据古人记载，德尔斐的阿波罗神庙有一个小小的平台，石头上开有一道缝隙，并有凉气冒出。当初的希腊人将这里视为大地的中心，称之为"世界之脐"。当时的女预言者被称作"皮蒂娅"，她们坐在石缝边上，等被凉气吹得头脑发昏，就开始在嘴里念叨一些词句。这时候，祭司要将皮蒂娅嘴里的话记录下来，这些文字便是神谕。因为十分灵验，无论国家的政策，还是个人的烦恼，人们都会来这里求神谕指点，单是来这里求神谕的古希腊、古

罗马帝国国王就数不胜数。在当时，进入阿波罗神庙需要先用卡斯泰尔泉水沐浴，而泉水与神庙之间修有专门的道路。

　　起初神庙并非敬奉阿波罗，而是敬奉大地女神盖亚，传说中阿波罗杀死了看守神庙的巨蛇后，占据了神庙，这里才改为阿波罗神庙。当时希腊每八年都会举行一次盛大的竞技大赛，就是为了庆祝阿波罗神庙的建立。

　　阿波罗神庙位于德尔斐圣地的中央。神庙曾数度被毁后又重建，最早的神庙具体建造年代已很难确定。据推测，早在公元前500年左右，这里便有了一座六柱式多立克神庙。这座老阿波罗神庙不幸在公元前373年的强烈地震中被毁。最后一次重建的阿波罗神庙在公元前330年落成，但历经千年风雨，这座神庙也已经不复存在，只有遗址残存，成为历史的见证。

▲德尔斐阿波罗神庙

如今的阿波罗神庙遗址上，还能看到一些残留的圆柱和基座。整个神庙延续了旧神庙的平面，长60米，宽23米。神庙四周有多立克圆柱围绕，长的一侧为15根，短的一侧为6根，是典型的六柱围柱式多立克神庙，全部用大理石包覆的石灰石建造而成。

　　神庙的山花和线脚的大理石装饰是雅典雕塑家普拉西亚斯和安德罗斯提尼的作品。东边的山花装饰着阿波罗的形象，两边是他的母亲莱托、他的妹妹阿尔特弥斯和缪斯。西边的山花描绘的是阿波罗的兄弟酒神狄俄尼索斯和他的信徒——提亚德人。公元前490年在马拉松战役中获得的波斯盾牌与公元前279年在击退高卢人入侵时获得的战利品一起被挂在神庙檐壁的陇间壁上。在浮雕、塑像的装饰下，整个建筑多姿多彩。但是时至今日，人们只能在德尔斐的博物馆里见到一些雕像的残片。

　　神庙的入口设在东边一侧。在入口的前面，有一座祭坛，是用白色大理石修建的，据说建于公元前5世纪。当时人们坚信只有正直的人才能进入神庙，所以名声不好的人不允许进入。根据古代的资料，神殿入口门廊的一根柱子上刻有七贤人的三句格言，即"认识你自己""过犹不及"和"确信带来毁灭"。内殿是阿波罗神庙的中心。在内殿的尽端是神庙最神圣的部分——神谕密室（adyton）。神谕密室被分成两个较小的空间——等候室和专用房间。专用房间内有一个低于地面一米的下沉区域。在这里女预言家将从"世界之脐"获得的神谕转达给前来祈求的人们。

　　在过去，神庙的内殿、柱廊、门厅、后门廊等都摆放着大量祈求者捐赠的雕塑作品，有几千件之多，此外还有祭台和长明灯。神庙墙壁上挂满了战利品和友邦送的礼物。虽然到今天雕塑已经所剩无几，但是不得不说，雕塑是阿波罗神庙中非常重要的一个元素。这座神庙的建造费用是由各个城市或个人的捐款支付的。在古代，无论国王，还是百姓，对神庙都非常大方。当时从圣地入口前往神庙的迂回道路两旁，摆满了各个城市人民送来的雕塑礼物，有石雕的，有铜制的，题材多种多样，有动物，如铜牛、铜马；有神话人物，如狄俄斯库里、宙斯、阿波罗、阿耳忒弥斯和波塞冬等；有军事统帅，如战胜波斯人的雅典统帅米太亚得等。1893年，考古学家在阿波罗神庙外面发现了一尊高2.23米的狮身人面雕像，用花岗岩雕成，是当时纳克索斯岛的居民赠送的。因为收到的捐赠越来越多，在阿波罗神庙前后还分布着许多各地奉献的宝库。其中以雅典在马拉松战役后奉献的多立克式宝库以及锡夫诺斯奉献的爱奥尼女像柱宝库最为出名。

不过在以后的时间里，这些雕塑要么被偷走，要么被损毁，单是古罗马皇帝尼禄就掠走了500件，其中就有著名的三头蛇雕像。公元390年，阿波罗神庙迎来了厄运。罗马皇帝狄奥多西一世以基督教的名义摧毁了神庙和大部分的雕塑及艺术品，阿波罗神庙由此开始衰落。

阿波罗神庙周围还有一个巨大的露天剧场，修建于公元前4世纪，有35层台阶，能坐5000名观众，至今仍能使用。西边有一处巨大的竞技场，从高处看，整个竞技场呈马蹄状。场地里有红色的泥土地面，跑道长178米，周围有石条垒成的环形看台。这些遗址同阿波罗神庙遗址一起，成为人们了解古希腊文明的重要建筑。

第三章　技术与艺术的结合——古罗马建筑

古罗马帝国是当时世界上强大的帝国，繁荣强盛。古罗马人在对外扩张中聚集了大量的财富和资源，同时掠夺了大量奴隶做劳动力，因此他们的建筑规模宏大，如万神庙、罗马斗兽场；坚固持久，如加尔桥；装饰华美，如君士坦丁凯旋门。

　　古罗马人的生活丰富多彩，尤其注重享乐，所以他们最辉煌的建筑中除了传统的神庙、教堂之外，还有竞技场、大剧院、公共浴场等娱乐休闲场所，在历史长河中独树一帜。古罗马人是了不起的建造者，不仅运用了新的建筑材料，还发展和创造了新的建筑结构和形式。古罗马在古希腊的基础上形成了自己特有的建筑风格，对西方建筑的发展影响深远。

第一节　万神庙：罗马圆形穹顶建筑的代表

　　万神庙位于意大利首都罗马圆形广场北部，是古罗马建筑的代表作，同时也是罗马帝国时期建筑物中保存最为完好的一座，是拱券结构与柱式完美结合的里程碑，体现了古罗马建筑的伟大。

　　万神庙最早修建于公元前27年，是为了纪念当初屋大维打败安东尼和埃及艳后联军而修建的。主导者是古罗马军统帅阿格里帕，当时采用的是常规造型。之所以称其为"万神庙"，是因为这座神庙供奉的是诸神。在这一点上，古罗马的神庙和古希腊的神庙有很大不同，古希腊一般一座神庙只供奉一个神，而古罗马的神庙则可以同时供奉很多神。80年，一场大火让万神庙被毁。此后曾经有过一次重建，但不幸在110年遭到破坏。120—124年，皇帝德良对神庙进行了重建，也就是今天我们所看到的模样。

　　万神庙建造在一个台基上，由一座带山花的希腊式门廊和圆形神殿组成。门廊呈矩形，正面8个柱子，面阔33.5米，进深18米多。16根巨大的石柱

▶万神庙结构示意图

排成三排，支撑着三角形的檐墙。这些柱子高14.15米，底部直径1.51米，到顶上缩为1.31米，是典型的科林斯式。柱子的柱身用整块的红色埃及花岗岩制成，光滑无凹槽。柱头则采用白色大理石，有蔓藤样式的装饰，下面有莨苕花图案装饰。柱础、额枋和檐部也都是白色大理石。山花和檐口的雕像、大门的门扇和天花板都是铜制，外面镀金。整个门廊显得既庄严又华丽。

万神庙最为精彩和特别的是门廊连接的神殿。神殿的平面是圆形的。四周圆柱形墙壁是主要承重部分，有6.2米厚，墙上没有开窗。墙体分为上下两个部分。下层比较高，沿圆周布置有包括正门在内的8个壁龛。壁龛用科林斯圆柱和壁柱装饰。8个壁龛之间还有8个突出墙壁带山墙的小神龛。第二层墙体处理得较为简洁，由16个有山花像假窗的小龛构成。这些壁龛既起到了装饰作用，又减轻了墙体的承重。这种壁龛的建筑样式十分具有开创性，在后来欧洲各国的教堂中经常会出现。内部墙面还有彩色的大理石和镶铜做成的装饰物。

圆柱形墙壁之上就是巨大的穹顶。万神庙的穹顶十分壮丽，跨度达43.3

▲罗马万神庙　万神庙又被称作"潘提翁神殿"，是至今完整保存的唯一一座罗马帝国时期建筑

米，高度也是43.3米，呈半球形。一直到19世纪之前，万神庙的这个穹顶都是世界上跨度最大的建筑物，这个纪录万神庙保持了1700多年。拱不是古罗马人发明的，但是在使用和创新方面，他们发挥到了极致。他们能造出如此富有想象力的巨大穹顶，显示了古罗马建筑师高超的技艺和精确的计算水平。

万神庙巨大的穹顶是用混凝土浇筑而成。古罗马的混凝土采用的是意大利半岛上火山喷发后散落的火山灰加水和石灰作为黏结剂，加入碎石作为加强的骨料，混合而成。为了减轻重量，万神庙的穹顶从下到上选择石灰华、凝灰岩、砖等不同重量的石材作为骨料。到了最顶端，用的是最轻的浮石。同时，穹顶的厚度也随着高度不断变小，下部厚5.9米，但到最顶端开口处厚度就只有1.5米了。穹顶内部，壁上全是一个个凹陷进去的格子，上下共有5排，每排28个，这样做也是为了给穹顶减负。据说原先这些格子里面都放着镀金的玫瑰花饰物，现在这些已经不见了。在穹顶的最顶端，开有一个直径8.9米的大天窗。这个天窗设计得非常巧妙，一来减轻了穹顶的重量，二来让阳光照射进大殿，弥补了大殿四周墙壁没有开窗的缺陷。从宗教意义上来讲，这个天窗象征着人世间与上天众神之间的联络，虔诚的信徒可以在这里升天。

迄今为止，距离万神庙最初修建已经过去了将近2000年，万神庙虽然被多次修缮，但是依旧保持了最初的模样，无论是地板上的图案，还是天花板上的方格。

第二节　古罗马剧场：两千多年前的娱乐场所

同古希腊人一样，古罗马人也喜欢观赏戏剧，从公元前4世纪开始，源自

古希腊的戏剧表演开始成为古罗马各种节日、葬礼和神庙祭祀仪式的重要组成部分。这样剧场就成了非常重要的公共建筑。古罗马时期的剧场也源自古希腊，但经过改进之后又有明显不同。古罗马剧场的演变过程很好地说明了古希腊文化是如何慢慢移植到古罗马人生活中的。古罗马著名的剧场包括奥朗日剧场和马塞卢斯剧场。

古罗马早期的剧场和古希腊晚期的剧场形式比较类似，也是依山而建的，借助山坡修建看台，但逐渐根据需要出现了新的发展。奥朗日剧场正是介于古希腊剧场和成熟的古罗马剧场之间的过渡风格的代表。这座剧场修建于1世纪时奥古斯都统治时期，位于今天法国普罗旺斯地区阿尔勒以北的奥朗日城，此地在当时是罗马的行省之一。它由观众席和舞台两个部分组成，观众席为半圆形，直径104米，可以容纳7000～8000名观众。虽然奥朗日剧场建造在山坡上，但是观众席一半利用地形，一半依靠拱券架起。

和古希腊剧场相比，古罗马剧场的舞台有了很大的发展，舞台背景连同化妆室已经成为一个庞大的多层建筑。奥朗日剧场的舞台部分，宽62米，深13.7米，而它的化妆室等后台建筑是一座高大的建筑，有98.8米长、35.4米

◀奥朗日古罗马剧场观众席为半圆形，观众能尽量靠近表演台，不仅能缩短视距，还有利于声音的传播

高，总共5层，包括演员化妆室、更衣室、道具间等。这个后台建筑向两端伸出，同观众席连成整体，墙面用倚柱、壁龛等装饰。还有皇帝的雕像放置在舞台背景正中的壁龛中。有了高大的后台建筑，尽管观众席修建在山坡上，整个奥朗日剧场都被圈在封闭的高墙之中，和周围的自然环境相隔绝。这和与自然融为一体的古希腊式剧场完全不同。

由于罗马人掌握了混凝土和拱券技术，可以用一系列混凝土筒形拱将观众席一层层地架起，所以剧场的选址不再依赖地形限制，可以建造在城市的任何地方。罗马城中的马塞卢斯剧场正是这种剧场的代表作，它也是古罗马帝国建造的最大的一座剧场。它建在台伯河边的一处地势平坦的空地上，早在恺撒时期便开始设计，直到公元前13年奥古斯都在位时才完成。

从内部看，马塞卢斯剧场半圆形的观众席直径达129.8米，自下而上分为三个区，越来越陡，总共可以容纳1.5万～2万名观众。剧场的中央有一个半圆形的乐池，直径37米。乐池后面是一个仿宫殿的舞台，不但有阳台，还有廊柱和屋檐，十分华丽。

从外面看，剧场的外墙全部用大理石装饰。观众席部分的外立面分为三层：第一层开有41个拱门，每个拱门两侧都有装饰性的半身柱，这种构图方式是古罗马人独创的"券柱式"。第二层也是"券柱式"构图，但是每一层的廊柱样式不一，底层的柱子是多立克式的，二层的柱子是爱奥尼式的。第三层不再运用拱券，而是实墙，在对应的位置使用了更有视觉效果的科林斯柱式。这样的设计是为了保证统一中有变化，免得单调乏味。马塞卢斯剧场是第一座在立面这样使用多种柱式组合构图的建筑，可惜它后来遭到严重破坏，内部的舞台和剧院的第三层都被损毁，底下两层成了商店，内部也被改建成了住宅。

古罗马人还对剧场听觉效果进行了大量的改进。他们不仅已经认识到剧场中环形走道的尺度与剧场总高度、过道背墙之间的关系会影响舞台声音的

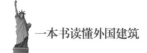

传播，甚至还在剧场的观众席下安置共鸣缸，以增加声音的清晰性和音调的和谐效果。

第三节　古罗马浴场：让人惊叹的独特浴场文化

受古希腊文化影响，古罗马人十分注重享乐。因此在古罗马，浴场是非常重要的公共建筑。浴场不仅是洗澡的地方，还是娱乐和交际的场所，由此也产生了古罗马建筑中特有的公共浴场建筑。

最初，古罗马的浴场都是私人的，只有富豪才享用得起，并且设施比较简陋。公元前19年，一个公共浴场建成，当时的罗马首席执行官出席了落成仪式，从此之后，公共浴场成为流行的交际和享乐场所，开始大规模兴建。罗马帝国后期的皇帝为了笼络人心，更是大力发展公共浴场。据记载，2—3世纪，当时仅罗马城就有公共浴场1000多座。

在浴场数量不断增多的同时，古罗马人的洗浴方式也变得越来越复杂。浴场内不仅包括洗浴需要的更衣室、冷水浴室、温水浴室、热水浴室和蒸汽浴室，还有运动场、图书馆、音乐厅等各种休闲娱乐设施。为了有更宽敞的空间，浴场使用穹顶，这也是最早在民用建筑中使用这种技术。

因为要满足多样的功能，古罗马的浴场建筑都比较复杂。早期的浴场中所有房间都在地上，按功能排布，不容易对称；随着建造技术的不断发展，古罗马建筑师将锅炉房、仓库等具有辅助功能的房间安排在地下，留出了更多的空间给娱乐功能。到了帝国时期，公共浴室开始向着对称的布局形式发展，形成轴线严谨的空间。这种建筑布局变化的转折发生在109年左右建造的图拉真浴场，由著名建筑师阿波罗多罗斯设计。此后浴场的规模越来越大，穹顶越来越高，空间越来越开阔，墙壁和廊柱的装饰也越来越华丽，雕塑、壁龛、纹饰等装饰物一应俱全。其中最有名的要数建于3世纪的卡拉卡拉皇帝统治时期的卡拉卡拉浴场，它的规模超过了以往罗马建造的所有浴场，仅其中的主浴室就能容纳1600人同时洗浴。

卡拉卡拉浴场整体是一个矩形院子，长575米，宽363米，建在6米高的台基上。院子的前部是主体建筑，规模巨大，长228米、宽116米。其平面布局对称，体现了古罗马人对大型复杂空间极强的把控能力；内部功能秩序井然，非常成熟。按照顺序，主体建筑中北侧的是冷水浴场，这个浴场是露天的，同时可以用帐篷遮挡；中间是温水浴场，这是主体建筑的中心，采用混凝土交叉筒拱结构屋顶，顶部开有侧窗，满足大厅的采光需要；南侧是热水浴场，这个圆形大厅穹顶跨度35米（仅次于万神庙），高49米，非常壮观。三个浴场一字排开，两侧是各种功能的房间，有更衣室、冲凉室、按摩室、蒸汽室等。此外，还有很多其他功能的建筑都设在地下。这座大浴场是综合型建筑，主体建筑的东西两翼还有很多柱廊小院，供人散步聊天用；周边有花园、竞技场、图书馆、演讲厅等设施；院子的主入口外侧还有商店。当时的罗马人身在其中，足不出户，便可满足一切需求。

卡拉卡拉浴场的设计非常人性化。浴场虽然房间厅室繁多，但是采光充足。浴场的穹顶用混凝土建成，既有采光用的窗户，又有散气用的排气孔，各种设施十分完备。浴场有复杂精密的供热系统。墙壁中和地板下都铺有管道，作供水、排水用。热水和热气也通过这些管道传送，为地板和墙面供暖，以保持室内温度恒定。

装饰上，卡拉卡拉浴场内部可谓富丽堂皇，地面和墙上均贴有马赛克，还有来自各地的不同大理石装饰物；很多墙壁上绘有壁画，不少出自名家之手；壁龛中摆放着名人雕塑，柱子顶端和底端都有美丽繁复的花纹装饰；一

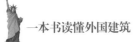

些房间的墙壁和内部设施还设计成多样的曲线形状。因此，卡拉卡拉浴场也被罗马人称为"平民的宫殿"。

卡拉卡拉浴场是一个繁杂但又统一，有着强烈节奏感但又暧昧的建筑，是古罗马浴场建筑的代表作。虽然今天这个浴场已经大部分损毁，但是仍是罗马市内最壮观的古代遗迹之一。

开设浴场就免不了需要大量的水资源，为了供水，古罗马建筑师在城外设计了众多引水渠作为辅助设施。比如，为了供罗马城用水，当时的建筑师们专门设计了券拱结构的引水渠，把水从外地源源不断地输送到城内，这些引水渠本身也是伟大的建筑和亮丽的风景。

▲古罗马卡拉卡拉浴场遗址

第四节　罗马斗兽场：建筑奇迹背后的血腥历史

罗马斗兽场也被称为"罗马竞技场"，是古罗马时期奴隶主、贵族和有自由身份的市民观赏奴隶角斗和斗兽的场所。这个体量巨大的建筑已经成为古罗马的象征。如今这个斗兽场只有遗迹残存，坐落在意大利首都罗马市中心。

72年，罗马皇帝苇斯巴芗为了庆祝征服耶路撒冷胜利，犒劳得胜归来的将士们，同时彰显古罗马帝国的伟大，下令修建罗马斗兽场，并以他的家族名命名为"弗拉维圆形剧场"。这里原先是尼禄皇帝的金宫所在地，不过金宫已经在8年前毁于火灾。有人说修建罗马斗兽场动用了俘虏来的8万奴隶，也有人说是用把奴隶卖掉换来的钱修的，而不是奴隶修的。这两种说法后者更可信，因为从建成之后的斗兽场来看，操作者都是专业的建筑工人。

罗马斗兽场平面呈椭圆形，长轴直径为188米，短轴直径为156米，由环形的看台和表演区组成。中心的表演区也是椭圆形的，长轴为86米，短轴为54米。表演区比周围的看台要低一些，并用铁栅栏围住，以确保观众的安全。在表演区的下方还有地下部分建筑，设有地窖，角斗士和猛兽在上场之前便被关在这里。当表演开始的时候，他们乘坐专门的升降机来到地面上。斗兽场还建有完善的输水设施，当初为了表演海战的场景，曾经引水进来，在场中央设置了一个人造湖。

斗兽场的看台区约有60排座位，按照身份等级分为5个区，一共可以容纳5万～8万名观众。最下层前排是贵宾区，坐在这里的是元老、长官和祭司等

▲古罗马斗兽场外观

▼古罗马斗兽场全景图　罗马斗兽场又被称为"罗马角斗场""弗拉维圆形剧场"，是古罗马帝国专供奴隶主、贵族和自由民观看斗兽或奴隶角斗的地方

人；中间两区是骑士等地位较高的公民席，这个区的座位和贵宾区一样是大理石的。再往上木质的座椅是普通平民区。最顶层的柱廊则是专供底层人使用的区域，这个区域中没有座席，只能站着。即便是在同一个区中，也会根据身份和职业坐在不同的地方。罗马斗兽场虽然面积很大，但是观众席平均62度的坡度保证了坐在任何一个角落都能很好地观赏比赛。

为了支撑如此庞大的看台，古罗马人在看台底部建造了7圈呈放射状的石礅，石礅之间是顶上覆盖拱券的环廊和放射状楼梯，形成纵横交错的内部通道。在斗兽场的底层，有80个入口供观众进出，此外每一层都有很多出口，这样的设计保证了巨大的人流可以在很短的时间内迅速疏散，不会出现拥堵。后来的体育场等大型公共设施建筑都采用这种方式来保证安全。据说，罗马斗兽场坐满观众，全部疏散只用10分钟。

罗马斗兽场的外立面高达48.5米，分为四层。底下三层各有80个拱形开间，采用的是和马塞卢斯剧场类似的券柱式构图，从下到上柱式依次为多立克式、爱奥尼式和科林斯式，这是古希腊建筑中最具代表性的三种柱式。第四层为实墙，装饰有科林斯式的方壁柱。檐下设计有240个中空的凸起，是安插支撑天棚的木棍用的。在当时，如果遇到下雨或者烈日天气，会有士兵负责撑起天棚。这些天棚并非固定的，可以像水兵在船上控制风帆那样来调整。

罗马斗兽场的主要建筑材料是混凝土，外面用灰华石或大理石饰面。当初为了从附近的提维里往市中心运石料，还专门修建了一条大道。罗马斗兽场具体用了多少石料，这个数字不得而知，但光是用来连接石头的抓钩就耗费了300吨铁。

217年，斗兽场曾经遭遇雷击，部分建筑毁于火灾。238年，斗兽场被损毁的建筑得以修复。442年和508年的两次大地震都对斗兽场造成了严重的损坏。523年，斗兽场开始禁止举行角斗和斗兽比赛。中世纪时期，斗兽场没有

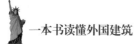

得到维护，进一步损毁，甚至有一段时间被用来当作碉堡。到了15世纪，人们为了建教堂和枢密院，竟然从斗兽场上拆卸石料。直到1749年，罗马教廷宣布斗兽场为圣地，这种损毁才得以制止。

虽然至今还没有人知道罗马斗兽场的建筑师是谁，但是无论从规模上、结构上、技术上，还是功能上来看，它都是古罗马建筑中最具代表性的作品，是古罗马曾经威严的象征。正如中世纪英国历史学家比德所说："斗兽场矗立的时候，罗马也将存在；斗兽场坍塌的时候，罗马也将毁灭。"

第五节　加尔桥：古罗马的高空引水渠

人人都知道古罗马时期修筑的大道有名，故有"条条大道通罗马"一说，其实当时的桥梁和引水系统也比较发达，最好的证明便是加尔桥，又叫"加尔高架引水渠"。

加尔桥位于法国尼姆地区，在奥古斯都统治时期，这里属于古罗马统治。古罗马人喜欢建公众浴场，喜欢在广场上设计喷泉，所以用水非常多。对于任何一个城市来说，保证供水都是一项十分必要的举措。当时，尼姆城内供水不足，无法满足公众的需求。1世纪，古罗马供水工程的总负责人阿格里帕被派到这里来，任务是为尼姆寻找到合适的水源，并修建水渠，把水引过来。满足条件的水源地并不好找，首先水源量要大，储备充足；其次水位的海拔要高，不然不好引水。经过千辛万苦地寻找，最终阿格里帕在一个叫尤赛斯的地方找到了合适的水源。尤赛斯在尼姆市以北，两地相距较远，要想把水引过去，需要修一条至少50千米的引水渠。并且水源到尼姆城垂直高差只有17米，在没有电动水泵的当时，水要能顺利流到城内，水渠必须一直保持0.34％的坡度，沿途还要翻山越岭。因此，修建这样一条水渠的难度可想而知。

为了减少工程量，古罗马人在规划引水渠路线时会利用山坡之类的自然地形。如果遇到难以绕过的山丘，则需要挖隧道从下方穿过；如果遇到河流或山谷，则需要架桥。尼姆引水渠就需要经过陡峭的加尔河峡谷，于是罗马人在河谷之上修建了一座大桥，连接两岸，然后让引水渠从桥上经过，这便是加尔桥。

今天，单看加尔桥的宏伟壮观，很难想象当初用了多少工力，这方面也没有历史记载。据推测，当时至少1000名工人不停地建造了3年，才把大桥建好。

▲加尔桥　加尔桥分为三层，每层都是一个接一个的拱状桥洞。这座桥不仅是建筑的奇迹，也是一个伟大的艺术品

加尔桥充分体现了古罗马工程技术的伟大。它共有三层，因为架在河谷之上，所以底层短、上层长。最底下一层长142米，中间一层长242米，最高层长275米，几乎是第一层长度的两倍。长度不断增长，但宽度却在逐层递减，这样做是为了让桥身承重减轻，更加牢固。第一层的宽度为6.4米，第二层的宽度为4.5米，第三层的宽度为3米，不及底层宽度的一半。

加尔桥的三层桥身都是拱券结构，层层叠加。这种设计是罗马人的创新，对后来的桥梁设计影响非常大。加尔桥的第一层供行人通行，共有6个拱门，最窄的拱门跨度16米，最宽的跨度24米。第二层上有11个拱门，跨度为19米。第三层上有35个拱门，跨度为4.6米。在第三层之上，有一条密封的引水渠，宽1.22米，高1.45米。

加尔桥并非呈直线设计，桥身稍微带有弧度。桥身上的拱门设计非常有特色，众多拱门一来减轻了桥身的重量，二来能够在洪水到来时很好地泄洪，保证桥身承受住洪水的冲击。其实在平时，加尔桥下的河水很少，只从底层6个拱桥中的一个中流过，但是到了春天则会有洪水，汛期最大的时候曾经涨到了大桥的第二层，但加尔桥在洪水中安然无恙，让人不得不佩服古人的工艺。

加尔桥的用料主要是石材，大石块被切割成6吨左右的方形，然后根据设计相互叠加，石材之间甚至没有用灰浆黏合，纯粹靠石材之间相互力的作用咬合。虽然听上去很简陋，但是建成后的一千多年间，无论洪水、战乱，还是社会动荡，都没能对它产生什么影响。18世纪上半叶，人们第一次对这座大桥进行修改，将第一层的路面拓宽，好让马车能够通行。

今天，加尔桥已经同周边的环境融为一体，尤其是夕阳西下的时候，桥身在夕阳的映衬下更显壮丽。从这座大桥中，人们既能感受到古罗马建筑的伟大，又能体会到古罗马帝国曾经的强盛和辉煌。

第六节　君士坦丁凯旋门：巴黎凯旋门的底版

　　凯旋门作为一种建筑起源于古罗马，其并没有任何实用功能，只是炫耀战功的纪念碑。古罗马帝国军事实力强大，在相当长的一段时期战无不胜，为帝国开辟了广阔的疆域。每当取得一次大战役的胜利，统治者就会建造凯旋门，炫耀战功，同时欢迎将士们凯旋。后来，欧洲其他国家纷纷效仿，也开始建造凯旋门。

　　古罗马时期在许多城市中心都建有凯旋门。目前罗马广场附近有三座保留至今。其中最古老的是建于81年的提图斯凯旋门，还有建于203年的塞维鲁凯旋门，再就是建于312年的君士坦丁凯旋门，这也是三座凯旋门中最大也是最有名的一座。

　　君士坦丁凯旋门位于古罗马角斗场西侧，以当时皇帝君士坦丁大帝的名字命名。君士坦丁大帝是罗马历史上最有名的皇帝之一，他在位期间统一了罗马，同时是第一位公开信仰基督教的罗马皇帝。在米尔桥一战中，君士坦丁大帝战胜了强大的对手马克森提，征服了罗马西部，使得帝国完成统一。312年，君士坦丁大帝为了庆祝米尔桥一战获胜，下令修建了这座凯旋门。

　　君士坦丁凯旋门高21米，宽26米，深7.4米；采用的是三拱门的形式，中间一个大拱，两边两个小拱，三个拱门样式一致，只是大小不一样。大拱门起拱的地方，正好是小拱门的拱顶。三个拱门边共有四根柱子，样式为古罗马建筑师喜欢的科林斯式，各部分比例和谐，气势雄伟。四根柱子的顶端放置着四尊雕像，中间两尊雕像之间，也就是大拱门之上，有一块石壁，用来雕刻记载战功歌颂皇帝的铭文。

▶君士坦丁凯旋门
君士坦丁大帝为了庆祝米
尔桥一战获胜下令修建，
是巴黎凯旋门的底版

　　君士坦丁凯旋门的上下里外都是浮雕，这些浮雕若是单独来看，每一处都非常大气，但是作为一个整体来看，风格似乎不统一。有这样的感觉很正常，因为这座凯旋门上的浮雕并非专门创作的，而是从当时其他纪念建筑上取下来，然后拼凑在一起的，其中很多浮雕来自图拉真广场和哈德良广场。君士坦丁凯旋门众多浮雕中最有名的要数顶端的那八块，它们来自马克·奥尔略皇帝纪念碑。有的地方，雕刻师直接把马克·奥尔略皇帝的头像改为君士坦丁大帝的头像，这种改动通过与其他浮雕的对比可以非常明显地看出来。

　　人们推测，用其他纪念建筑上的浮雕来拼凑起君士坦丁凯旋门上的浮雕，说明当时罗马的艺术创作能力已经开始走下坡路了。不过，即便是这样，君士坦丁凯旋门依旧呈现出一种宏伟壮观的气象，让人感受到一个强大帝国的实力和震慑力。另外，从另一个角度来看，这样的拼凑也为人们将古罗马各个时期重要的雕塑作品保留了下来，可谓是一部古罗马雕刻史。虽然建造的时间最晚，但是君士坦丁凯旋门是现存三座凯旋门中保存最完好、艺术价值最高的一座。

当年拿破仑·波拿巴来到罗马，被君士坦丁凯旋门的气势镇住，大加赞赏。这位历史上的传奇人物后来驰骋欧洲，建立起了法兰西帝国，成为同当年君士坦丁大帝一样的人物。1806年，为了纪念之前一年率军在奥斯特里茨战役中打败俄奥联军，拿破仑宣布在星星广场上修建一座凯旋门，这便是著名的巴黎凯旋门。巴黎凯旋门便是以君士坦丁凯旋门为底版设计的。

千百年过去了，君士坦丁凯旋门经历无数风雨，一些浮雕已经被磨损，但是它仍旧挺立在那里，同边上的罗马斗兽场一起，带领人们回顾古罗马帝国的辉煌。

第七节　庞贝古城：废墟之下的传奇之城

庞贝古城位于意大利坎帕尼亚地区，距离罗马240公里，是一座历史悠久的千年古城。79年维苏威火山爆发，庞贝古城被火山灰瞬间淹没，直到1748年，人们才开始发掘这座地下之城。当年古罗马人的生活被完整、真实地保存了下来，庞贝古城由此成名。

庞贝古城是古罗马帝国最繁华的城市之一，早在公元前8世纪便已经存在，最初这里被希腊人和腓尼基人用来当作港口，后来萨姆尼特人占领了这里，开始大规模扩建。公元前80年，庞贝成为古罗马共和国的一部分。庞贝古城借助港口的优势，逐渐发展成为一座繁华的商业城市，有约2万人口。79年8月的一天，厄运降临，距离庞贝古城不远的维苏威火山突然爆发，火山灰很快便将庞贝古城掩没，庞贝古城里的人毫无防备，无处可逃，最后连同整座城市一夜之间消失在了地下。

◀庞贝古城
古城的街道房屋都保存得
比较完整，可以借此了解
古罗马共和国时期的社会
生活和文化艺术

◀庞贝古城中的建筑

◀庞贝古城中保存下来
的壁画

从16世纪开始，人们陆续在这里发现古罗马时期的文物，有的是刻字的石碑，有的是女性雕像，人们只是认为这里地下可能有古代的遗址，但从未想到整座庞贝古城就在脚下。直到1748年，人们发现被火山灰包裹的人体，才记起那座一千多年前伴随着火山爆发突然消失的古城。随即，挖掘工作展开。渐渐地，这座古代繁华的都市展现在了人们面前。

庞贝古城的平面呈不规则的多边形，东西长1200米，南北宽700米。城市周围有7～8米高的城墙，开有8座城门。整个城市被道路划分成了若干街区，除了少数几个是60米×60米的正方形外，其他都是约33米×100米的长方形，是典型的罗马营寨城市。由于在火山脚下，整个城市以火山为中心构图，街道的走向、主要公共建筑和重要府邸的轴线都指向火山。

庞贝广场是这座城市的中心，位于靠近港口的西南角，长117米，宽33米。城里的主要大道都是从这里辐射出去的，其中主街宽7米，次要街道宽2.4～4.5米。这些大街都是用石板铺成的，还巧妙地设计了一些凸起的石级，方便下雨的时候通行。广场周围分布着城市中最主要的建筑，比如巴西利卡、神庙、公共市场、法庭、交易所等。广场四周由柱廊环绕。

古罗马的巴西利卡是市民们进行政治集会的场所，审判犯人、颁布法律、解决争议都在这里进行。庞贝古城的巴西利卡可以容纳几千人。正面入口有5个柱列，正厅周围围绕28根柱子，两边还有侧厅。在西侧端头有一个两层的法官席。巴西利卡的墙上不但有希腊风格的装饰画，还有各类刻辞，真实地反映了当时人们的精神生活。

庞贝古城内不缺乏神庙，阿波罗神庙是其中最大的一座。当时的庞贝人信奉阿波罗，认为他掌管世俗的一切事务，并且能预言未来。今天，透过那些台阶和宏伟的庙柱，人们可以感受到这座神庙昔日是何等宏伟。此外，庞贝古城里的爱神庙、公共家神庙、朱庇特神庙和纪念皇帝的神庙也都规模宏大，各具特色。

在市中心广场东侧，是庞贝人的市场。这个综合性市场面积很大，出售衣食住行的各类用品，甚至还有洗衣店和拍卖市场。庞贝古城是一座港口和商业城市，商品贸易是这个城市的经济支撑。今天，通过这些遗迹，人们可以想象当年这里人来人往的繁华景象。

庞贝古城内有多座剧场、斗兽场等建筑，其中一座圆形斗兽场比著名的罗马斗兽场建得还要早。观赏决斗和斗兽是当时人们重要的娱乐活动。除了角斗和戏剧之外，这些剧场里面还举办体育比赛。剧场墙上一般绘有壁画，有狩猎图、格斗图等，真实反映了这些剧场当时的用途。

古罗马人的生活中，浴场是个非常重要的场所，这一点在庞贝古城中也有体现。庞贝古城内发现的三座浴场中，规模最大、保存最完整、历史最悠久的是斯塔比亚浴场，里面更衣间、冷水浴室、温水浴室、热水浴室等一应俱全。男女浴室有各自的出入口。石柱上刻满了浮雕，地板被设计成两层，不断有蒸汽冒出，以保持室内温度。在当时，这座浴场不仅是洗澡的地方，还是上等人交际的场所。

庞贝古城中除了公共建筑外，还有不少富裕人家的府邸也非常有特色。这些府邸通常以庭院为中心，有前庭和后院两个庭院。前庭用于接待客人和家庭祭祀，周围是居住的房间，比如主人的办公室、卧室、会客厅等。庭院中央设有集水池，用来承接从天井落下的雨水。后院一般都是私家花园，有花草树木、喷泉、水池等。府邸内的房间大多有色彩鲜艳的壁画装饰，十分奢华。

庞贝古城的发掘工作只进行了三分之一，但它所呈现出来的古城面貌已经让人们震撼。每年都会有无数的游客从世界各地来到这里参观，体会古罗马人的生活方式，感受古罗马人的生活乐趣。1997年，庞贝古城被联合国教科文组织列入世界文化和自然遗产名录。

第四章

上帝之城——早期基督教和拜占庭建筑

在罗马帝国最为兴盛的时期，在遥远的巴勒斯坦地区，基督教开始产生并很快传播到了帝国的全境。一开始，帝国的统治者们对这个新兴的宗教进行了残酷的镇压。但随着罗马帝国累积的社会问题和矛盾越来越尖锐，基督教对民众的安抚作用被统治者们看中，逐渐得到了官方的承认。313年，君士坦丁大帝颁布了《米兰敕令》，确立了基督教的合法地位。从此以后，基督教发展迅速，因而需要建造能举行宗教仪式的地方。他们以古罗马会堂建筑巴西利卡为原型，修建了基督教早期巴西利卡式教堂。395年，罗马帝国分裂为东、西两部分之后，基督教也分裂为天主教和东正教。东正教流行的地区主要是东罗马帝国也就是拜占庭帝国，它的首都君士坦丁堡，融合了希腊艺术、罗马艺术、小亚细亚和埃及艺术，产生了和西欧不一样的建筑艺术形式——拜占庭建筑。

第一节　罗马的墙外圣保罗教堂：古老的基督教堂之一

大约在公元前5世纪，当罗马共和国还在全盛时期，远在东方的犹太行省，一个小男孩诞生在伯利恒的马厩里，他便是基督教的创始人耶稣。由于基督教产生于下层民众，一开始被称为"穷人的宗教"。伴随着古罗马共和国四通八达的道路体系，基督教很快就流传到了帝国的各个角落。教会势力的增长不可避免地和罗马帝国的利益产生冲突，因此在基督教创立后很长一段时间，其受到罗马统治者的排挤和迫害，教徒们只能在地下墓室或一些教徒的家中举行秘密的聚会。

313年，君士坦丁大帝颁布了《米兰敕令》，宣布基督教的合法地位。基督教徒终于可以走出地下墓穴，于是第一批基督教教堂在罗马建造起来了。基督教的教堂和之前古罗马、古希腊的神庙不同，既不是用来保存基督神像的场所，也不是上帝在人间的住所，而是举行宗教仪式的地方。基督教会在寻找能满足他们需要的建筑形式时，把目光投向了古罗马会堂建筑巴西利卡，因为巴西利卡不带有异教的痕迹。

基督教会对罗马的巴西利卡会堂进行了改动。首先，为了宗教仪式的举行，入口被调整到了长方形的短边上，中央的大厅空间变成容纳教众的大厅；其中的纵向柱子将大厅划分为几个长条形空间，中间比较宽的是中厅，两侧的是侧廊。其次，与新入口相对的原本是法官席的半圆形空间变成了圣坛，教士们在此向教徒们传经布道，这里还设置有唱诗班的席位。最后，由于还需要存放仪式所需器具以及更多容纳神职人员的地方，在圣坛和中厅之

间增加了一个横向的空间，其向南北伸出，叫作"横厅"；由于形状类似双耳，也叫"耳堂"。这样，基督教教堂形成了一个十字形平面，横条比竖条要短，象征着耶稣受难的十字架。这一形制深受教会和教众的推崇，后来成为西欧天主教教堂最正统的形制，称为"拉丁十字式"。

修建于386年的墙外圣保罗教堂正是一座典型的巴西利卡大教堂，它建立在罗马南城墙之外的使徒圣保罗墓地上。圣保罗曾经是犹太教教徒，后来受到耶稣圣灵的启示，成为耶稣最得力的助手，对基督教的传播起到很大的作用；在尼禄皇帝时期受到迫害，殉教于罗马城外。圣保罗教堂的入口设在西面，圣坛在东边，这样教众每天早上来教堂中做礼拜，正好面对升起的太阳，体现了耶稣复活的象征。另外，这样举行仪式时，信徒也可以面对耶路撒冷圣墓所在的东方。因此这种入口的朝向安排被后来绝大多数的教堂所沿用。

圣保罗教堂的中厅宽24米，长97米。中厅的两边各有两个侧廊，每个侧廊的宽度约为中厅的一半。划分中厅和侧廊的不是一般希腊式的柱廊，而是采用类似凯旋门的连拱廊，非常有节奏感。当教众进入教堂，立刻会被这些整齐的柱子、

▶罗马的墙外圣保罗教堂的西立面和前院前院周围有科林斯柱廊，中央设置了圣保罗的雕像

拱券上方的线脚、窗框、天花等形成的透视线所引导，将目光集中到位于中厅尽端的圣所。教堂的中厅高于侧廊，利用高差在中厅上方开了21个大天窗采光。中厅和侧廊上方的屋顶采用的是传统的木桁架构造。耳堂与中厅差不多高，进深比较大，但长度稍稍突出外侧廊一些。半圆形空间没有窗户，较为昏暗，但可以通过耳堂的拱窗和圆窗获得充足的光线。在5世纪左右，教堂前面还修建了一个由150根科林斯柱子围成的前院，院子中央设置了圣保罗的雕像。

这座曾经被认为是罗马最漂亮建筑的圣保罗大教堂在1823年毁于一场火灾，不过于1840年"按原样"进行了重建，保留了原有的大小、比例和一些墙体。今天，人们还可以到这了解基督教早期教堂的风采。

第二节　君士坦丁堡的圣索菲亚大教堂：拜占庭帝国王冠上的明珠

330年，君士坦丁大帝将罗马的首都迁到了拜占庭，改名为君士坦丁堡。迁都之后，君士坦丁堡开始大规模修建城市建筑。随着395年罗马帝国分裂为东、西两部分之后，君士坦丁堡更是成为东罗马帝国（也就是拜占庭帝国）的首都。由于它地处欧洲与西亚的交汇处，融合了希腊艺术、罗马艺术、小亚细亚和埃及艺术，产生了和西欧不一样的建筑艺术形式。这种新的建筑风格被称为拜占庭建筑，其中最辉煌的代表就是君士坦丁堡的圣索菲亚大教堂。

532年，一场由平民暴动引发的大火，毁掉了位于君士坦丁堡中心城区的老圣索菲亚大教堂。在平息了暴乱之后，查士丁尼一世下令重新修建大教堂，聘请了两位来自小亚细亚的数学家兼工程师安提米乌斯和伊西多鲁斯负责建造新的教堂。因此，该教堂受古希腊、古罗马传统的影响较小，更多的

▲圣索菲亚大教堂外观

▼圣索菲亚大教堂穹顶内部

是体现了东部地区新的美学理念。"索菲亚"并不是基督教某个圣人的名字，它是希腊语"智慧"的意思，教堂供奉的是上帝的智慧。

虽然圣索菲亚大教堂的总平面为长方形，东西长约77米，南北长约71.7米，但是实际上其中包含着拜占庭教堂常用的希腊十字形式。不过圣索菲亚大教堂的内部空间有很大的创新，巧妙地将希腊十字集中式和拉丁十字巴西利卡式两种形式结合起来。教堂的中间是一个正方形的大厅，与希腊十字平面中东西两翼的空间是完全连通的，这样就形成了一个长68.6米、宽32.6米无柱子的长方形空间；加大了纵深，弥补了希腊十字式虽然有较强的纪念性但不利于宗教仪式举办的缺点。东端是圣坛，西端是入口，它们的顶部都采用了缩小一些的半穹顶。十字形的南北两翼空间与中央大厅之间用连拱廊隔开，形成侧廊，有上下两层。上层供女教徒使用。

圣索菲亚大教堂中央的方形大厅四个角各建有一个巨型墩柱，支撑起一个直径达33米的穹顶，穹顶中心高55米。圣索菲亚大教堂的穹顶采用了一种全新的结构建造技术。古罗马的穹顶，比如万神庙和卡拉卡拉浴场的穹顶，下面对应的平面都是圆形，但拜占庭教堂中穹顶下方的平面是方形的。为了实现从正方形开口向穹顶圆形底部的过渡，拜占庭人使用了帆拱。也就是在正方形的每一条边上都建一个半圆形拱券，然后在这四个拱券之上修建形状类似风帆的弧面三角形拱。这个三角形拱就是帆拱。实际上，帆拱是以方形对角线为直径的穹顶被四边的那四个半圆形拱垂直切割，然后同一高度再横向切一刀后剩下的部分，它的重量都落在了下面正方形四个顶点的墩柱上。帆拱的上缘正好形成圆形，在它上面能自然地承接半球形的穹顶。有需要的话，帆拱上方还可以加一个圆筒状鼓座，让穹顶空间显得更高。圣索菲亚大教堂没有鼓座，但在穹顶下部开了40个小窗，是建筑中央区域唯一的光线来源。当朦胧的光线从小窗中射入，整个穹顶看上去仿佛飘浮在空中。

由于到了查士丁尼时期，古罗马的混凝土技术已经失传了，因此圣索菲亚大教堂是砖石砌筑的。承重的墩柱、各类小型柱子和一些拱墙用的是石材，其他一些拱墙、拱顶和大穹顶都是用砖砌的。这意味着圣索菲亚大教堂的穹顶并不像万神庙那样能和下面支撑的墙体紧紧凝成一个整体，它实际上会对周围产生侧推力。教堂的建筑师在东西方向上设计了层层跌落的半穹顶将侧推力传导出去，而南北方向则安排了四堵长18.3米、厚达7.6米的墙来抵住帆拱和墩柱使穹顶稳定。

现在人们能看到的这个穹顶并不是原始的建筑。557年在一场地震发生后5个月，原来的穹顶部分发生了坍塌，新建的穹顶比原来的高度增加了7米，从而减轻了穹顶对外的侧推力。

圣索菲亚大教堂内部装饰非常精美，墩柱和墙体表面贴有白、绿、黑、红等彩色大理石板，组成图案。柱子是用最为昂贵的绿斑蛇纹岩或斑岩制成。拜占庭式的柱头都是用白色大理石，雕刻精美，虽然源于古典的爱奥尼和科林斯柱式，但是形式有很大创新。柱头、柱础和柱身的交界处都用了包金的铜箍。中央穹顶和周围拱顶有用马赛克拼成的镶嵌画，上面还有黄金、象牙、宝石等装饰。地面也是马赛克铺装。整个大教堂内部灿烂夺目，可以称得上是世界最为华丽的内庭之一。

1453年，在圣索菲亚大教堂建成近1000年之后，信奉伊斯兰教的土耳其人攻占了君士坦丁堡，建立了奥斯曼土耳其帝国，拜占庭帝国灭亡。伴随着拜占庭帝国的灭亡，持续了近1500年的罗马帝国终于落下了帷幕。圣索菲亚大教堂也被改成了伊斯兰教清真寺，在四角增加了四个高高的伊斯兰教尖塔。尖塔的设置让这座建筑的外观变得更加动人。但由于宗教原因，教堂中的原有装饰全部被抹灰覆盖住。

从1935年开始，这座建筑既不是基督教教堂，也不是清真寺，而是变成了一座博物馆。人们慕名而来，感受这个涵盖了东方和西方、基督教和伊斯兰教建筑的超凡之美。

第三节　威尼斯圣马可大教堂：世界十大教堂之一

　　并非所有拜占庭风格的建筑都在君士坦丁堡或者拜占庭帝国，这个风格的建筑随着东正教传教和商业贸易，传播到了世界各地。与圣索菲亚大教堂齐名的另一座拜占庭式教堂就是意大利的圣马可大教堂。

　　圣马可大教堂位于威尼斯市中心的圣马可广场上，曾经是中世纪最大的教堂，也是中世纪西欧境内少有的拜占庭式的天主教堂。这座教堂是威尼斯建筑的经典，内部陈列着丰富的艺术品，更重要的是，它是威尼斯的象征，威尼斯人的信仰、荣耀、富足、骄傲，都凝聚在这座大教堂上。

　　圣马可是圣彼得的徒弟，亚历山大的首位主教，也是四福音书之一《马可福音》的作者。据传，一次他在传教途中突遇暴雨，被迫停留在了威尼斯的一座小岛上。他在岛上梦见了一位天使，天使告诉他这里就是他长眠的地方。后来马可去世，被葬在了亚历山大，但是在828年，两位威尼斯商人偷偷把他的尸体运到了威尼斯，天使的预言实现了。威尼斯人将马可安葬在了威尼斯，并把他看作威尼斯的保护神。830年，也就是安葬马可的第三年，威尼斯人在圣马可陵墓之上开始修建圣马可大教堂，据说，是参照君士坦丁堡圣使徒教堂修建的。不过这所老教堂在976年市民反对总督暴动中，被一场大火烧毁，只保留了一些基础墙。1063年，总督下令重新修建，1071年主体建筑大体完工，1094年正式完工。新教堂为砖石结构。

　　圣马可教堂位于威尼斯市中心，既是城市的主教堂，也是威尼斯总督的宫廷教堂。因此，威尼斯人将它看作国家的象征，几乎所有的重要典礼都会在这里举行，无论总督授职，还是十字军东征，甚至在国家的官方文件中也会把威尼斯共和国称为圣马可共和国。当时有个传统，每个返回威尼斯的商人，都要向圣马可教堂进献一件礼物，所以教堂里面集中了来自世界各地的奇珍异宝。

历史上威尼斯与拜占庭帝国关系紧密，无论政治上还是贸易上都是如此，尤其是在13—15世纪那段时期。受其影响，当时的威尼斯建筑中经常会出现拜占庭风格的设计，圣马可教堂也不例外。

圣马可教堂的平面是希腊十字形，分为前、后、左、右、中五个方形部分，每个部分的正中都覆盖帆拱和穹顶。因此整个教堂一共有5个穹顶。穹顶和帆拱之间没有鼓座，交界处开设有一圈小窗，是教堂的主要采光处。虽然这些穹顶都是用砖砌成的，但是在外部还包有一层木结构假穹顶。木穹顶上立有作为采光顶的小小装饰性穹顶，呈洋葱头形状，顶部装饰有十字架。

▲圣马可大教堂　它曾是中世纪欧洲最大的教堂，也是威尼斯建筑艺术的经典之作

圣马可教堂的西侧是正立面，长度达到51.8米，有上下两层。下层设有五个半圆形拱券大门。其中最中央的拱门最大，两侧的拱门最小。五扇大门的设置是圣马可教堂的创新。其中有一扇是青铜的，产自外地，另外四扇则是1300年由威尼斯工匠制作的。这个正立面原本是拜占庭式的砖砌墙面。在13世纪时，威尼斯人增加了各种华丽的装饰，包括很深的门廊龛室、马赛克饰面、大理石板、栏墙和浮雕等。其中大理石制的浮雕都是当时从拜占庭运来的，浮雕内容包罗万象，既有单纯的动植物图案，也有捕猎、打鱼的生产场面，还有很多是刻画生活中的场景。在中央入口拱门上方，有一座马拉战车的青铜塑像，上面的四匹奔马姿势潇洒，让人过目不忘。这尊塑像是1204年十字军东征攻占君士坦丁堡时的战利品，本身也是一件十分珍贵的古罗马艺术品。正立面5个拱门上的马赛克镶嵌画也是13世纪时由威尼斯工匠完成的。这些镶嵌画讲述了圣马可的事迹，以及当年威尼斯人把圣马可的遗体偷回威尼斯的故事。15世纪时威尼斯人又在正立面上增加了哥特式的山墙和洋葱形拱装饰、带卷叶饰的尖塔，使得立面变得更具动势。其中正中央洋葱形尖券的最高点耸立着手持《马可福音》、被六名天使簇拥的圣马可雕像。教堂的立面装饰中更是不乏从各地搜罗来的宝贝。这些宝贝中有两个5世纪造的雕花塔柱，其是从叙利亚阿克拉要塞弄来的，还有一块古希腊圆柱的残迹，当时威尼斯共和国的法令便是在这根圆柱下宣读的。

　　教堂内部的装饰让每一个进去的人都感到惊叹，尤其是巨幅的镶嵌画。威尼斯人喜欢镶嵌画这种装饰，所以匠人们用了几百年的时间在教堂内部装饰了丰富的镶嵌画，无论圆顶还是拱门，到处都有。有人统计过，圣马可教堂内的镶嵌画总面积可达4000平方米。起初威尼斯的匠人不擅长这门艺术，所以很多镶嵌画都是出自拜占庭匠人之手。

　　教堂中祭坛和中堂被大理石墙隔开，墙上有镀银的耶稣受难青铜十字架。祭坛上的"金坛屏"是整个圣马可教堂中最珍贵、最有名的圣物。10世

纪时，威尼斯总督彼得罗·奥赛奥罗向君士坦丁堡的工匠们定制了这件艺术品。它的制作工艺类似于中国的景泰蓝，是当时拜占庭工艺大师的经典作品。金坛屏中央是耶稣像，神情肃穆，十分庄严，周围的圆框中有帝王和圣徒的肖像。整个金坛屏使用了大量黄金，镶嵌了绿宝石、蓝宝石、红宝石共计1927颗，金光璀璨，精美绝伦。

不同建筑风格的掺杂是圣马可教堂的一大特色，圆屋顶和正面装饰是拜占庭式的，带尖的拱门是哥特式的，栏杆的装饰又是文艺复兴时期的风格。不同的建筑风格在这里融为一体，反映出当时的威尼斯作为商贸中心，不同文化都在这里交汇碰撞。

圣马可教堂连同门前的圣马可广场、圣马可钟楼、公爵府、行政官邸大楼、圣马可图书馆等，一起组成了一个精美的中世纪建筑群，作为威尼斯的中心和代表，成为众人向往的地方，每年前来参观的人数不胜数。

第四节　莫斯科圣瓦西里大教堂：俄罗斯的璀璨明珠

圣瓦西里大教堂坐落在莫斯科市中心红场南侧，是一座修建于16世纪中期的东正教教堂，因为带有明显的民族传统特色而出名，尤其是那标志性的圆顶，已经成为俄罗斯传统建筑的象征。

13世纪时，莫斯科大公国被蒙古人攻占，经过多年的反抗，1552年，莫斯科大公国打下了蒙古人最后的据点喀山汗国，从而结束了长达300年的屈辱史。为了庆祝民族独立，伊凡四世下令在已经成为莫斯科公国首都的莫斯科修建一座大教堂，这便是后来的圣瓦西里大教堂。

圣瓦西里大教堂起初被称为"沟边"大教堂，因为它选址在克里姆林宫城墙外的壕沟边。1555年，大教堂正式动工，建筑师是巴尔马和被誉为"城市和教堂工匠"的波斯特尼克·亚科夫列夫。按照莫斯科的传统，一般国家性的教堂都在克里姆林宫里面，但这座教堂是为了纪念全民族独立，建筑师破天荒地将大教堂的选址定在克里姆林宫外，红场和莫斯科河之间。这里是一个高地，是宣布沙皇命令和布告公文的地方，也是民众聚在一起祈祷的地方，是城市中心的中心。这样的选址注定了这座大教堂的重要地位。因为著名的东正教圣徒瓦西里葬在了大教堂中，所以民间开始称这座教堂为圣瓦西里大教堂，并最终成为正式称呼。

　　大教堂最吸引人的是它奇特的造型，由8座带洋葱头穹顶的小塔楼围绕一

▶圣瓦西里大教堂

俄罗斯红场上的美丽建筑，就像是童话世界的城堡一样有着让人眼花缭乱的美丽色彩

座带俄罗斯民族特色帐篷顶的中央大塔楼构成，它们都坐落在同一个高大墩座上。据说，建筑师最初设计的是修建7座小塔楼，但是因为无法解决不对称的问题，最后改为8座。中央大塔楼最高，达46米，下方是一座大礼堂，它的帐篷顶尖端上也有一个小小的金色穹顶。8座小塔楼是8个独立的小礼拜堂，围绕一圈，其中位于希腊十字平面四臂的4座小塔楼大一些，高度也更高一点。另外位于对角线的4座小塔楼小一点，也矮一些。8个洋葱头穹顶的装饰花纹各不相同，有的是菠萝纹，有的是蒜瓣纹，还有的是波浪形曲线纹。它们和中央塔楼的帐篷顶都覆盖有色彩绚烂的瓦片。尽管大教堂的9座塔楼样式不一，颜色不同，高低错落，但是它们组合成为一个整体却显得十分和谐。

教堂的外墙主要是红砖，重要的细节用白色石头点缀，再配合五颜六色的穹顶，使得圣瓦西里大教堂像是童话故事中的城堡，又像一团腾空的烈焰，充满了象征民族崛起的欢喜。它与边上的克里姆林宫和红场也十分搭调，调和出一种俄罗斯特有的氛围和情调。实际上教堂内部的空间狭窄幽暗，非常不适合举行宗教仪式，因此，它更像是一座采用了建筑形式的雕塑。

进入大教堂需要经过两个外门廊，这两个门廊都十分精致，画满了装饰画。大教堂内部的墙壁和穹顶上都有壁画装饰，但是除此之外的装饰不多，有些偏朴素。这座大教堂从外面看绚丽多姿，让人以为走进了童话之中，但是内部却是朴素清净，这样的反差让人感受格外明显。不过，正是由于这种朴素和清净，让人们在里面祈祷和追思的时候，更加心无旁骛，认真虔诚，这可能就是当时设计者追求的效果吧。大教堂内部的石墙厚达3米，异常坚固，所以在历史上的某段时期里，大教堂的底部被当作仓库使用。后来从教堂底部出土了一些箱子，里面装满了古代王室的金银珠宝，从侧面证实了这个说法。

在大教堂前面的小花园里，立着一座铜雕像，用来纪念德米特里·米哈伊洛维奇·波扎尔斯基和库兹马·米宁，这两人曾经在16世纪末17世纪初领导志愿军抵御波兰入侵，被人们视为民族英雄。雕像最初安置在红场中央，后来因为在阅兵式上阻碍方阵，在1936年被移放到了大教堂门前。同俄罗斯很多其他著名大教堂一样，圣瓦西里大教堂历史上也多次遭到破坏，并多次修缮。1611年，波兰人洗劫了这座大教堂；1812年，法国人占领了这里，甚至把教堂当成了马厩。教堂也在17世纪、18世纪以及近代，经历过多次改建，虽然增加了许多内容和装饰，但是其基本形态和风格一直保持不变。

因为俄罗斯信奉东正教，所以之前的建筑主要采取的是拜占庭风格。圣瓦西里大教堂作为民族独立的象征，也是俄罗斯建筑在拜占庭风格影响下，结合当地建筑传统，形成自己民族风格的新建筑风格代表作。所以，圣瓦西里大教堂对俄罗斯建筑史有着重要的意义。如今的圣瓦西里大教堂，已经成为莫斯科最受欢迎的景点，每年都有成千上万的游客前来拜访。

第五章

天国之光——中世纪西欧的罗马风建筑和哥特建筑

4—5世纪，随着西罗马帝国被西迁的日耳曼民族攻破，欧洲进入了漫长的中世纪。虽然日耳曼人在西罗马帝国的废墟上建立了一系列的国家，但是当时最具影响力的还是基督教。10世纪，历经多年的战乱和纷争有所缓解，社会秩序开始逐渐恢复。城市的复苏，也为建筑带来了发展的机会。教会、国王、封建领主为了各自的需要，在各地建造教堂。为了让教堂能保存得更久远，同时也为了彰显自己的实力，这个时期的建造者普遍采用石头来建造教堂。工匠们在古罗马时期建筑结构和形式的基础上，从拜占庭和加洛林建筑中汲取灵感，发展和创造出新的风格，被称为罗马风（Romanesque）。建造的技术随着当时工匠们的流动交流而不断提升。终于在12世纪，在古罗马建筑风格基础上演变发展出了更高更明亮的教堂新风格，也就是后来人们称之为"哥特式"的风格。很快哥特式风格从法国传播到了欧洲各地，成为中世纪后半段甚至建筑史上最为重要的一种建筑风格。

第一节 亚琛大教堂：加洛林王朝建筑艺术的范例

亚琛是德国西部一座历史悠久的小城，毗邻比利时和荷兰，是著名的旅游胜地，这里有一座著名的大教堂——亚琛大教堂。

亚琛大教堂由中世纪伟大的君主查理大帝兴建。查理大帝作为法兰克国王东征西讨，最终将日耳曼和意大利的国土都收归于自己的统治之下。罗马教皇利奥三世亲自为他主持加冕礼，封他为"罗马人的皇帝"，史称"查理曼大帝"。他所建立的辉煌帝国，也被称为"查理曼帝国"。查理大帝为这个国家带来了生机，很多城市逐渐繁盛，开始大规模修建城堡和教堂，掀起了一股建设热潮。

亚琛虽然是一座小城市，但对查理大帝而言却意义非凡，因为这里曾经是他父亲的领地，也是他的出生地，他对这座小城很有感情。为了展示帝国的强盛，查理大帝集合了一批建筑师和艺术家，组建了一个顾问小组，开始在亚琛大规模建设，试图把这里打造成一座新的罗马城。亚琛大教堂便是在这一时期修建的。

亚琛大教堂最初修建的部分是亚琛宫廷礼拜堂，798年动工，805年竣工。在当时，这是欧洲最精美的一座教堂，建筑师是梅斯的奥多，《查理大帝传》的作者艾因哈德监督了整个工程，建成后的礼拜堂后来成为大教堂的核心部分。这座建筑形式上并没有追随古罗马，而是参考了查士丁尼时期在意大利拉文纳修建的圣维塔莱教堂。礼拜堂是一座外部为十六边形、中央有一个八边形大厅的建筑，采用了集中式的布局方式，而非西欧基督教教堂常

▲亚琛大教堂外观

▼亚琛大教堂内部八角形大厅穹顶

用的巴西利卡式。圣坛被设计在中央大厅的穹顶下方，显然是为了突出教会的权威。但是作为宫廷使用的建筑，国王的权威也需要彰显，于是建筑师在教堂西侧设计了一个高大的入口，入口两侧有两座塔楼。塔楼厚重的墙壁内各有一个螺旋形阶梯通向二楼。二楼放着查理大帝参加宗教活动时就座的宝座，皇帝在这里可以俯瞰下方的圣坛。这种设计被称为西部结构，由于巧妙地在建筑中平衡了皇权和教权，后来在德国和法国的罗马风和哥特式建筑中得到进一步的发展。

随着时间的推移，这座教堂的地位越来越重要，逐渐从一座宫廷小教堂变成国家大教堂。从936年开始，每一任德意志皇帝都在这里举行加冕礼，直至1531年。伴随着地位的提高，教堂的扩建工作也在进行。在原先教堂的西面，一座宏伟又不失精致的塔楼拔地而起。一个直径14米，带有棱角的圆屋顶代替了原先的角锥形屋顶。14世纪，扩建了八边形大厅东侧原本方形的小歌坛。新歌坛是哥特风格的，空间宽敞，周围有扶壁，结构坚固。14—15世纪还在八边形大厅的回廊之外增加了一系列小礼拜堂，不设祭坛，这一点同欧洲其他大教堂一样。教堂正门入口保留了最初的青铜门，如今已经成为教堂历史最悠久的一部分。

从大教堂的内部装饰上还可以看到最初模仿圣维塔莱教堂的痕迹。屋顶和墙壁上装饰着镶嵌画，这些画都是金色打底。此外，天花板上还有巨大的12世纪安装的吊灯。穹顶下面开着一个半圆形窗口，天气好的时候会有阳光射入。在当时，这座教堂被当作帝国国家和国王的象征，查理大帝死后便埋葬在了这里。今天，我们仍旧能在这座教堂里看到那座大理石砌成的陵寝，而嵌有查理大帝颅骨的黄金半身像则被收藏在教堂的宝库之中。在大教堂唱诗班的位置，立着13个尖窗，这些高达25米的尖窗上面镶嵌着彩绘玻璃，在教堂内映射出斑斓的色彩。另外，唱诗班席位处还有著名的金供台和青铜讲坛，这都是亨利三世赠送的礼品。"查理大帝宝座"应该是这里最有名的陈

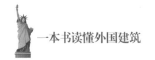

列品了，当年历任皇帝便是在这座白色大理石宝座上举行加冕仪式的。

作为国家强盛和国王权势象征的亚琛大教堂，它的意义不仅体现在政治上，它还是一件杰出的艺术品。这座建筑虽然参考了拜占庭式的集中式教堂，但是也表现出很多罗马建筑的影响，比如筒拱、交叉拱和八边形穹顶的运用。它是加洛林王朝最富有艺术性的建筑，当时在欧洲，很多宫廷建筑和宗教建筑都以它为原型。到最后，亚琛大教堂集政治、宗教、艺术、建筑的影响力于一身，成为当之无愧的圣地。现在，这座教堂已经被列入世界文化遗产名录。

第二节　比萨大教堂和比萨斜塔：奇迹广场上的建筑奇观

从10世纪开始，伴随战争的缓解、社会经济的复苏，在罗马帝国曾经的领土上（包括德国、法国南部和意大利），一些新修的教堂开始了新风格的实验，从古罗马、拜占庭和加洛林建筑传统中汲取各种元素加以融合。新风格由于具有古罗马建筑的某些特点，主要是拱券的运用，所以被后来的学者称为"罗马风"。随着石匠流动到别的地方工作以及信徒们的朝圣活动，罗马风建筑很快扩展到了西欧其他的地方，其中最典型最重要的建筑实例之一是意大利托斯卡纳地区比萨城的比萨大教堂建筑群。这个建筑群位于比萨城北面的奇迹广场，包括大型巴西利卡式主教堂、洗礼堂、钟楼和墓园等。由于伽利略实验而被人熟知的比萨斜塔正是比萨大教堂的独立式钟楼。

比萨在11世纪是意大利最为繁荣的四个海上共和国之一。1062年比萨海军在西西里岛战胜了撒克逊人。为了庆祝这一胜利，比萨人在1063年开始修建这个宏伟的建筑群。根据铭文的记载，希腊人布斯凯托是教堂的第一位建筑师，不过关于这位大师个人情况的文献记载很少。1118年，教皇格拉修斯二世主持了教堂的祝圣仪式。之后建筑师改为莱纳尔托，他向西扩建了教堂的中厅，扩大了耳堂，修建了西立面。建筑群的三座主要建筑最终在13世纪后半叶建成。14世纪又补建了洗礼堂的穹顶和钟楼最高一层。建筑群中所有的建筑都是用白色大理石以及拱券柱廊装饰，风格统一，是那个时期最为精美的罗马风建筑之一。一位当地作家在评价这些建筑的时候说："比萨人始终都会为自己当初的艺术追求充满自豪感，并且将永远心怀热情。"

　　比萨大教堂为整个建筑群的主体，规模较大，平面是典型的拉丁十字式，全长95米。中厅非常高大宽敞，左右两侧各有两条侧廊。中厅高27米，采用了双层连拱廊支撑木构架平屋顶。侧廊有两层，下层每开间采用了十字拱，上层仍然是木结构。侧廊整体比较低，以便中厅通过高侧窗采光。耳堂

▲比萨大教堂建筑群鸟瞰　比萨大教堂位于奇迹广场，包括大型巴西利卡式主教堂、洗礼堂、钟楼和墓园等

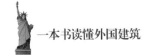

部分左右各有一条侧廊，南北两端各有一个半圆形室。十字交叉部则受到拜占庭建筑的影响，采用了抹角拱支撑的椭圆形穹顶。

教堂内部装饰得非常奢华，天花板镀金，大理石雕塑也非常多。这些雕塑作品主要是尼可洛·皮萨诺的作品，这位著名雕刻家的作品中有明显的基督教古罗马早期发展时的风格。尼可洛·皮萨诺去世之后，他的儿子继续为这座教堂工作，完成了其他装饰工作。教堂里面有一座大理石制的讲坛，是神职人员读经用的。这座讲坛呈哥特式，上面有大量浮雕，十分精美，是当时皮萨诺父子合作完成的。此外，祭坛中还有高大的耶稣雕像。1596年，教堂曾经发生过一次大火，内部的装饰损毁严重。

比萨大教堂的正西立面并不像同时代德国和法国的教堂那样矗立高耸的钟塔，而是保留了意大利传统的阶梯式，不过上面层叠的连续券装饰是比萨特有的。地面层用连续假券分为七间，其中三间比较宽一点，作为入口大门。大门上方没有雕塑，只是镶嵌了马赛克。入口上方是四层的连续空券柱廊，具有丰富的光影效果。立面的这种连续券装饰绕行整个建筑一圈。底层假券内的菱形花饰、华美的柱头和檐口带花纹的装饰都让整个建筑显得非常华丽。这座教堂在艺术风格上已经呈现出了文艺复兴的影子。

比萨墓园建于比萨大教堂北侧，埋葬着几位名人，其中最有名的要数德意志皇帝亨利七世。

大教堂的前方是洗礼堂，由建筑师狄奥蒂·萨尔维设计，兼有罗马式和哥特式两种风格。平面呈圆形，整个直径达39米。四个墩柱和八个圆柱将中心直径18.3米的中厅和周围两道侧廊分隔开。为了呼应大教堂，洗礼堂的顶端同样采用了高耸的穹顶，外部也装饰着层叠的连续假券，底层和二层均为罗马风格，但由于建筑完工时已经是13世纪，外立面第二层和第三层的拱券上部采用了尖券造型，带有明显的哥特式特点。

比萨大教堂的钟楼便是有名的比萨斜塔，它并未与教堂相连，而是独立位于教堂的东北方。这座钟楼共8层，高56米。平面和洗礼堂一样采用了圆形构图，直径16米。内部有294级台阶通往塔顶。塔楼于1174年开始动工兴建。外观采用了类似教堂上层和洗礼堂底层的手法，底层是实墙，上面装饰了壁柱和连续假券。底层之上除了顶层之外，每一层也都有连续的拱廊装饰。整座钟楼看上去就像是一块石头刻出来的，整体性非常强。

比萨斜塔之所以会倾斜，是因为地基下沉不均匀。这种情况在施工到第四层的时候便发生了。工匠们担心它会加速倾斜，最终倒塌，所以中间停工了很多年，直到1301年才建好最后一层。修建最后几层的时候，工匠们把中心往另外一侧挪动，对整座建筑的倾斜做一定平衡。即便如此，谁也不能阻止比萨斜塔继续倾斜，虽然这座建筑物已经偏离了垂线4.2米，但是还在以每年7～10毫米的速度倾斜。

▲比萨斜塔　比萨斜塔有800多年历史。之所以会出现倾斜，是因为当初在修建时地基下沉不均匀与土层松软所致

据说伽利略在这座主教堂做礼拜时观察吊灯的摆动从而发现了钟摆原理。名人逸事让比萨大教堂为世人所熟知。这个建筑群以其雄伟的气势、完整而统一的风格成为中世纪最美的建筑群之一，也是托斯卡纳其他建筑的模板。

第三节　特里尔大教堂：德国历史最悠久的主教教堂

特里尔位于德国西部，历史上曾经是古罗马的领地。据历史记载，特里尔城建于公元前15年，当时正是奥古斯都在位时期。在当时，特里尔城是抗击北方游牧民族的战略要地，军事上非常重要。2世纪，这里开始大规模修建城墙和城堡。3世纪末，戴克里先皇帝更是把这里当作罗马帝国北边的首府，将宫廷设在了这里。因此，特里尔城又有"北边的罗马"之称。在中世纪早期，特里尔已经是当时德意志最繁华的城市之一。特里尔的大教堂也是德意志历史最悠久的教堂。

315年，君士坦丁大帝为了纪念自己的母亲海伦女王，决定将她曾经住过的宫殿改造成教堂。因为宫殿很大，最后改造完成后成了两座教堂，其中北边的那座是主教堂，供奉圣彼得；南边那座成为社区教堂。后来，南边那座被改为圣玛利亚教堂，北面那座被称为大教堂，也就是特里尔大教堂。两座教堂关系紧密，共用一处地基。

特里尔大教堂原本是一个平面为长方形的巴西利卡式教堂。在蛮族大举入侵期间，旧教堂被严重毁坏，只剩下了一些墙体。1040年，当时的特里尔大主教决定重建大教堂。工匠们保留了原本旧教堂正方形的开间特征，并在教堂的西边复制了这一特征，修建了新的西立面。这个宏伟的西立面最终于11世纪中叶修建完成。之后教堂又向东部进行扩建。12世纪60年代，建成了带半圆形室的后殿。13世纪20年代，教堂中先后增添了石制的拱顶和回廊。到了14世纪，南边的塔楼增加了一层，而这个塔楼也并非一开始就有，而是在11世纪的时候建的，北边的塔楼则是在9世纪的时候建的。17世纪，南边这

◀特里尔大教堂

特里尔大教堂不仅是德国最古老的教堂，也是西方文明最壮观的历史见证之一，其装饰艺术堪称艺术史上的杰作

◀特里尔大教堂的穹顶

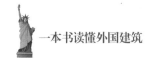

座塔楼上安装了一口大钟。进入20世纪之后，因为地下水的影响，教堂的地基一直在下沉，甚至有倒塌的危险。至今为止，抢救工程仍在持续。

特里尔大教堂是杰出的罗马风教堂。教堂的西立面带有浓郁的德国罗马风特点。它的外观很像中世纪的城堡，厚厚的墙体上开窗面积不大。西立面的中央突出一个巨大的半圆室，两边各有一个圆形楼梯塔。南北两侧，也就是侧廊的最西端，各有一座高大的正方形塔楼与楼梯塔相连。塔楼的屋顶都是角锥形，其中南边塔楼上有一口大钟。正门入口处几乎没有装饰，只有几尊雕像。这些雕像神情肃穆，给人以庄重感。大门的上方墙面上的半圆形盲拱和中央半圆室上的圆拱窗，中和了一部分严肃的感觉。大门盲拱的上方还有拱廊将楼梯塔和半圆室上的廊道联系在一起。这里除了常规用途之外，当初还曾经是弓箭手的隐藏地，体现了特里尔城在历史上军事要塞的地位。整个建筑都用壁柱、意大利伦巴第带、盲拱和连拱檐壁进行划分。

同外部给人庄严肃穆的感觉相同，教堂内部的光线十分暗淡，显得一派森严。早期教堂内部装饰也比较简单，到了18世纪，大主教认为这座教堂装饰太过陈旧，于是增加了许多华丽的花饰，还有很多雕塑，将教堂内部装饰成了巴洛克风格。1891年，大教堂又进行了一次内部装饰，工期长达20年。我们今天所见的教堂内部装置都是20世纪70年代之后置办的。

经过多次的改建和扩建，特里尔大教堂逐渐显示出不同风格相交汇的特征。在这里，除了罗马风之外，巴洛克风格甚至一些罗马时期的遗留风都能见到。这样多种风格的混搭让第一眼看到特里尔大教堂的人有些不适应，但是注视越久，越会对这座建筑着迷，进而让人对历史上相继主持建设的设计师们心怀敬意。有人曾说，有的建筑物是第一眼就会让人惊叹的，也有的建筑物不是这样，需要细细体会，特里尔大教堂就属于后一类。

考古学家在对大教堂的研究过程中，不断出土了一些精美绘画的局部，这些古代的绘画精品被各大博物馆收藏。大教堂就像一座宝库，不同时代的人在里面埋上宝物，等待后人去发掘。据说里面供奉着耶稣遗留下来的衣衫，还有古时候圣母玛利亚的雕像，这些圣物吸引了众多信徒来此朝拜。

　　和很多大教堂一样，特里尔大教堂也承担着墓地的职责，里面的陵墓中安葬着许多重要人物，包括历任特里尔大主教，以及德国公爵。这些陵墓因为年代跨度大，所以本身也成了一部历史。比如，文艺复兴时期主教墓碑上的雕刻，便是人们了解当时雕饰的活教材。现在，到特里尔大教堂来参观和朝拜的人来自世界各地，每天都络绎不绝。

第四节　圣丹尼斯教堂：第一座哥特式教堂

　　建筑史上，公认的第一座哥特式风格的教堂是位于法国巴黎市郊的圣丹尼斯大修道院教堂。这座教堂早在8世纪晚期就已经存在，是为了纪念最早来到高卢传教的圣徒丹尼斯。圣徒丹尼斯是巴黎的第一任主教，长期以来被认为是法兰西的保护者。圣丹尼斯教堂一直以来也都是法国的宫廷教堂。加洛林王朝的开创者矮子丕平和他的儿子查理大帝都在这里登上王位，好几代加洛林王朝国王都安葬于此。

　　1122年开始，絮热修士出任圣丹尼斯修道院的院长。此时的圣丹尼斯教堂是8世纪矮子丕平统治期间完成的巴西利卡式教堂，已经非常破旧了。作为法国国王路易六世的权臣和好友的絮热修士决心对这座修道院教堂的东部后殿和西部的入口立面进行重建，让这座教堂成为全法兰西的精神中心。当时巴黎地区远离意大利，罗马风建筑的传统非常薄弱，于是絮热修士到欧洲各地寻找能工巧匠来修建他心目中的理想教堂。

东部的后殿部分是絮热修士改造的重点，拆除了原有的旧歌坛，新增加了一圈小礼拜室。按照法国之前的做法，这些小礼拜室的屋顶都是采用半穹顶，但支撑这些穹顶的墙体都十分厚实，开不了大窗，因此内部空间十分昏暗。絮热修士不想要这样的教堂，决定采用一种新的方式。他创造性地在教堂后殿十分复杂的环形平面中应用了交叉肋骨尖拱来作为穹顶的支撑骨架。交叉肋骨技术能够减轻拱顶的重量，并将拱顶重量集中传递到四角的墩柱上；尖拱的使用能够减少拱顶产生的侧推力。圣丹尼斯教堂外部还设置有飞扶壁进一步抵消侧推力。无论交叉肋骨还是尖券，实际上在罗马风时代都已经出现，只不过分别应用在不同风格的教堂中。而圣丹尼斯教堂第一次将这些技术运用在一起。支撑了肋骨拱立柱之间的墙体不再需要承担拱顶的重量，因而墙面可以全部打开，取而代之的是大面积的彩色玻璃窗。絮热修士认识到了这种新结构技术带来的空间塑造潜力。他认为尖拱和肋骨拱不仅利于承重，还可以增强人们对宗教的敬仰。这些彩色玻璃窗就像马赛克镶嵌画一样，用不同颜色的小玻璃拼出一幅幅圣经中所描绘的场景。教会通过这种方式向当时不识字的大众宣扬教义。

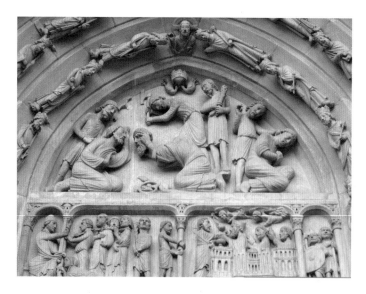

◀圣丹尼斯教堂浮雕

絮热修士对这种玻璃花窗十分推崇，因为这种新的建筑形式体现了絮热对光的追求。当信徒们早上进入教堂做礼拜时，东方升起的太阳透过五彩的玻璃窗洒下"奇迹般"的光线，让教堂的后殿沐浴在光的洗礼当中，仿佛真的是开启了通向天堂的光明之路。絮热修士在他的手稿中写道："教堂……光明如通体明亮的大厦。""当那些五色缤纷的宝石（我也喜欢教堂之美）使我脱离了对外界的关怀时，当高尚的默想引起了我的沉思……凭借上帝的神恩，我才能以这种象征论的方式从卑俗之中升华到崇高的境界。"

圣丹尼斯教堂的后殿代表了一种新的建筑风格。16世纪文艺复兴时代的意大利人把它称为"哥特建筑"。"哥特"原是罗马人对北方日耳曼民族的称呼。文艺复兴时期，意大利提倡复兴古罗马文化，把这种从圣丹尼斯教堂开始、流行于12—15世纪的中世纪风格，称为"哥特式"，意思是"野蛮的、非罗马的建筑风格"。今天，这个称呼已经不带有任何贬低色彩，法国、英国、德国这些日耳曼民族后代所建立的国家更是认为哥特风格代表了他们民族。

1144年，教堂东部后殿正式完工，絮热修士邀请各地的主教前来参加新歌坛的献祭典礼。这些主教都被新的空间效果所征服。于是，派代表前来参加典礼的地区在此后30年都陆续出现了哥特式教堂，并且这一风格后来在西欧广泛流行。

教堂的西立面比歌坛要更早开工10年，不过它的创造性和艺术性不如新歌坛。作为前来修道院礼拜者最先看到的部分，西立面也十分重要。原先的西部入口十分狭窄，不适合大量人群前来朝拜或举行节日庆典。按照罗马风时期所形成的传统，西立面扩建拆除了原有的入口，采用了两跨间、两座塔楼和三座带雕饰大门的结构，代表皇权和教权的平衡。不过两座塔楼中高一点的北塔，在19世纪被龙卷风摧毁。西立面整体风格并不是很统一，中部和左右两部分比例、开窗位置都不一致。但是，玫瑰花窗和透视门等都是哥特

建筑的重要元素，成为后来其他教堂效仿的对象。

1231年，圣丹尼斯教堂开始了中厅和耳堂的重建工作。此时哥特建筑已经发展到了盛期阶段，因此出现了和以前不一样的一些做法：用菱形的束柱代替了圆柱；中厅侧墙二层到拱顶的墙面全部都打开，用带彩色玻璃的尖头窗填充；玫瑰窗的棂条花饰也有了新的样式。同样，这些新做法并非是圣丹尼斯教堂首创，但都在圣丹尼斯教堂中集中展现。这种风格被称为"辐射式"，随后也在法国流传开来。这种一座教堂中不同部分出现不同风格在中世纪是常见的情况，因为中世纪建造一座大教堂往往要花上几百年的时间。

同很多教堂一样，圣丹尼斯教堂也遭受过不少磨难。作为法国王权振兴的标志，这座教堂在以摧毁"王权－教权"统治的法国大革命时期，就成为人们冲击的重要目标。1793年，教堂中所有的国王王后墓穴都被毁坏；头戴王冠的圣徒雕像因为被错认成国王的头像而全都被敲掉；祭坛被铲除，王权象征物以及法国王室多个世纪的收藏也被洗劫一空；整个教堂甚至被当成堆放粮食的仓库。1805年，拿破仑主持修复了圣丹尼斯教堂。此后的历史中，圣丹尼斯教堂还经历了大大小小数次修复，它在法国的文化遗产史、建筑史中扮演着重要的角色。

第五节　巴黎圣母院：哥特式建筑的杰作

巴黎圣母院恐怕是法国最有名的教堂，2019年4月15日发生的大火牵动了全世界人民的心。这座被大作家维克多·雨果称为"巴黎的头脑、心脏和骨髓"的古老大教堂自从修建完工那天起，就成了巴黎的象征，而它哥特式的建筑风格也对后来的建筑影响深远。如今的巴黎圣母院已经远远超出宗教上的意义，成为法国人民智慧的代表、美好追求的象征。

巴黎圣母院位于法国巴黎市中心塞纳河的西堤岛上。这座岛是巴黎的发源地。巴黎圣母院在修建之前，原址上便有宗教建筑存在，历史可以追溯到古罗马时期。4世纪，这里有一座基督教教堂，6世纪的时候改建成了一座罗马风教堂，据说建筑材料里面包括12块来自罗马神殿的基石。

987年，巴黎伯爵雨果·卡佩被推选为法兰西国王，巴黎从此成为法国首都。在这种情况下，原有的罗马风教堂已经破败不堪，且规模太小。于是1160年，刚刚上任的巴黎主教莫里斯·德·苏利决定拆除旧教堂，按当时刚开始流行的哥特风格重新建一座大教堂，规格上不输给当时赫赫有名的圣坦尼大教堂。1163年，教皇亚历山大三世亲自为这座教堂奠基，拉开了建造的大幕，最先开始建设巴黎圣母院唱诗堂及其两个回廊。1182年，主要修建巴

▲巴黎圣母院远景　巴黎圣母院是哥特式建筑的代表，祭坛、回廊、门窗等处有杰出的雕刻和绘画艺术作品，圣母院内还藏有大量艺术珍品，是巴黎的象征

黎圣母院中堂、下侧和看台前四个跨度。1208年，主要修建巴黎圣母院主立面及入口。到13世纪上半叶，巴黎圣母院才修建完成。在前后180多年的修建过程中，参与其中的设计师、建筑师、石匠、木匠、铁匠，以及各类艺术家不计其数。

从布局来看，巴黎圣母院的平面也是拉丁十字式，长128米，总宽48米。巴黎圣母院照例坐东朝西，正立面朝西。进门之后便是中厅，高34米，宽13米，内部空间显得十分高深。中厅的顶部采用的是早期哥特式常用的六分肋骨拱结构，也就是一个平面单元被肋骨拱分为六个部分。中厅的左右各有两道侧廊，整个教堂可以容纳近万人。内侧的侧廊上面有走廊，再往上是带有彩绘的大玻璃窗。外侧的侧廊横墩之间设有小礼拜室，里面展览着几个世纪前的艺术品。为了抵御拱顶的侧推力，巴黎圣母院的中厅外部创新性地运用了飞扶壁结构，即把罗马风教堂中的扶壁抬升到侧廊和高侧廊的屋顶之上，把拱的侧推力传导到地面。

巴黎圣母院的耳堂部分较短，在侧面仅仅稍微突出一点。耳堂以东是祭坛。围绕祭坛的是两道回廊，后殿回廊之外同样也隔出一间间的小礼拜堂。教堂的整个后殿很长，使得横厅几乎位于纵向轴线的中央。十字交叉部上方有木质的高塔，高达90米，又细又尖。不幸的是，在2019年的火灾中，这座高塔连同教堂木质的坡屋顶都被烧毁了。

教堂的内部装饰以灰色的石材为主，没有壁画，置身其中给人一种阴郁冷清的感觉。在单调的装饰中，唯一的色彩就是中厅两侧以及后殿的彩色玻璃窗。当阳光透过这些玻璃窗照射进来，教堂内会变得五彩斑斓。这种自然光的奇妙变幻，再加上教堂内部摇曳的烛光，使得教堂内部增添了几分神秘和华美。玻璃窗上的彩绘讲述的都是圣经中的故事。中厅高高的玻璃窗上有圣经中的主要人物和重要使徒的故事，祭坛的窗户上描述的是圣母玛利亚的故事，而横厅北立面直径13米的大玫瑰花窗内更是描绘了80多个旧约中的场景。教堂内的祭坛后面矗立着三尊雕像，左边的是国王路易十三，右边是国王路易十四，中间的是圣母哀子像。除此之外，教堂内还保留有珍贵的圣物——耶稣受难荆棘冠。

巴黎圣母院最引人瞩目的便是它的主立面，它是典型的哥特式严整对称的双塔构图，高69米，被横向的装饰带分为三层。

第一层有三个深深内凹的尖拱透视门，拱门上刻着大量雕塑作品：左边拱门上的雕塑内容为圣母受难后复活；中间拱门上的雕塑内容是耶稣在天庭的"最后审判"；右边拱门上刻的是国王路易七世受洗，以及一些其他内容。右边拱门上的雕塑最为古老，建于12世纪，其他雕塑大多是后期修整的。拱门上方为一排古代以色列和犹大君王雕像，共有28尊，原先的雕像于大革命期间被损毁，现在所见的都是后来重修的。

第二层主要由三个巨大的窗户组成。左右两侧的窗户都呈尖顶拱形，中间有石质的窗棂；正中的窗户是直径约9.6米的圆形玫瑰花窗，建于13世纪，彩色玻璃上描绘的是圣经故事。玫瑰花窗下面的窗台前供奉着圣母圣婴像，左右两侧立着两尊天使，再往外立着亚当和夏娃的雕像。

第三层主要是一排透雕尖拱柱廊，这些柱子看上去十分纤细，和整座教堂的风格很搭。最让人着迷的是，这些柱廊上面的雕塑，既有面目怪异的小魔兽，也有带着翅膀的小精灵，它们像是来自另外一个世界，隐藏在栏杆的各

▲巴黎圣母院内景

个角落。

第三层之上是左右并立的两座镂空塔楼，这两座塔楼都是平顶，没有塔尖。塔楼上各有两个高瘦的尖拱窗。其中一座塔楼里面挂着著名的大钟——雨果《巴黎圣母院》中卡西莫多敲打的便是这座钟。

整个立面有着严谨的规划，竖直和水平方向都被立柱和装饰带划分为三个部分，这样整个立面被分为九个矩形。无论立面的整体尺寸，还是被分割的小矩形尺寸，都遵循黄金分割比例，使得巴黎圣母院西立面整体和谐美观。巴黎圣母院的外立面材料主要是石材，这些石料使得原本就高耸的教堂更加壮丽。外立面的石柱都挺拔修长，恰好与哥特风的高耸相匹配，非常连贯。

18世纪末，法国爆发大革命，巴黎圣母院没能躲过一劫，里面的财宝被洗劫一空，雕塑被毁坏殆尽，圣母院也曾一度失去宗教作用，甚至被当作藏酒的仓库。到1831年法国作家维克多·雨果撰写著名小说《巴黎圣母院》时，教堂已经完全被破坏。《巴黎圣母院》小说的出版引起了当时的轰动，人们一边被小说中的人物和故事感动，一边要求重新修整圣母院，并为此发起募捐。1844年，政府决定修复巴黎圣母院，由著名的建筑师维奥莱-勒-迪克主持这一工程。修复工程长达23年。我们今天所见的巴黎圣母院，很多地方都是这段时期修复的。

今天的巴黎圣母院，已经成为哥特式建筑中最负盛名的建筑之一。作为早期哥特式建筑的代表，巴黎圣母院在欧洲建筑史上是一个里程碑式的作品，它指明了法国哥特式建筑走向繁荣阶段的道路。

历史上，巴黎圣母院见证了很多重要事件，如圣女贞德的平反、拿破仑的继位、罗马帝王的受洗礼、戴高乐的国葬等。如今，巴黎圣母院已经成为巴黎的名胜，除宗教、艺术职能之外，还负责向人们展示巴黎和法国的文明。你可以在大厅中默默祷告，净化心灵，也可以登上塔顶，一览塞纳河的美景，感受古老巴黎的魅力。

第六节　沙特尔大教堂：溢彩流芳的彩色玻璃和雕塑

　　12世纪的法国，巴黎之外其他地区也纷纷开始建造哥特式教堂，沙特尔大教堂是其中最负盛名的一座。它位于巴黎西南约70千米处的沙特尔城，这里是厄尔—卢瓦尔省的行政中心。这里很早就建起了教堂，是献给圣母玛利亚的。据说这座大教堂里面珍藏着一件当年圣母生下耶稣时所穿的外袍，因而这里数百年来都是人们心中的圣地。不过，教堂在随后的岁月里屡屡毁于火灾，并不停地重建。1194年，原先的罗马风教堂再次毁于火灾，只有西立面、一座塔楼和带拱顶的地下墓室保留了下来。神奇的是，那件珍贵的圣母外袍在大火中毫无损伤。受到这一神迹的鼓舞，教堂在火灾后立刻开工重建，工程进展很快，只花了26年，到1260年，新的大教堂就基本完工了。不过正立面尖塔的修建直到1507年才全部完成。

　　沙特尔大教堂修建的时候，哥特式风格已经盛行了50多年，因此沙特尔大教堂的修建者在建造过程中对这种风格进行了批判性使用，改进和发展了一些做法，并最终使得哥特式建筑体系更加完善。这一点体现在了沙特尔大教堂的各个方面。

　　沙特尔大教堂的平面综合了巴黎圣母院和圣丹尼斯教堂的特点，规模非常宏大。中厅是法国教堂中面积最大的一处，长130米，宽16.4米。中厅两边各只有一个侧廊，但歌坛部分却环绕有两道回廊，这使得后殿部分在整个平面中的比重进一步加大。中厅的侧廊上面没有二层，但相应地可以增大窗户，室内因此也能获得更多光线。在中世纪，光线本身就是一种神性的体现。

沙特尔大教堂在结构上有了很大的进步。首先，抛弃了之前哥特式教堂常用的近似方形的平面开间体系和六分拱顶结构，而是调整尖拱的曲率，改用四分肋骨拱覆盖长方形开间单元。这样不仅内部拱顶的造型更为简洁，而且由于长方形开间的对角线方向也采用了尖拱，可以进一步减轻侧推力。其次，教堂的工匠们改进了抵挡拱券侧推力的飞扶壁，中厅拱顶的重量通过两层高高的飞拱传递到外部粗大的墩柱上，整个教堂前所未有地使用了几十座飞扶壁。正是得益于上述两项技术的改进，沙特尔大教堂中厅的高度达到了前所未有的37.5米，超过了中世纪之前建造的所有教堂。围绕开间支撑拱顶的柱子也有了不少改进。墩柱的下部不再是单纯的圆柱，而是在圆柱上还附着四个从拱顶拱脚一直延伸下来的细柱，形成束柱。这样，中厅两侧的壁柱变得更加细长、高耸，强化了教堂内部垂直向上的升腾感。

沙特尔大教堂西立面是不同时期风格的混杂。主入口是1194年火灾中幸

▲沙特尔大教堂拱顶

存下来的罗马风时期遗产，三扇尖拱透视门都集中在双塔之间的那个开间，左面大门上的拱面雕塑讲述了耶稣道成肉身之前的故事；中间主门上的雕塑描绘了耶稣复临的场景；右面大门的雕塑则是圣母玛利亚的生活。这三扇大门两边原本有24尊门框附柱雕塑，现存19尊，都是出自圣经故事中的先知、国王和王后。入口上方对着三个尖拱形窗户。再上面有一个巨大的玫瑰花窗，花窗的窗格装饰是典型的早期板式窗花格。玫瑰花窗上面还有一排国王廊，都是旧约中的国王雕塑。西立面上的两座钟楼也呈现出不同的风格，南面的塔楼同样是罗马风时期留下来的产物，高106米，较为简洁；北侧的钟楼却完成于16世纪，高113米，呈现哥特晚期"火焰风格"的特色。尖拱窗采用了形似火焰的窗花格样式，整体精巧华丽。

彩绘玻璃是沙特尔大教堂最有名的景观，历史悠久，是众多哥特式教堂中少有的中世纪原物，后殿中的一扇甚至火灾前就有了。大教堂共有彩绘玻璃176块，面积达2700平方米。这些彩绘玻璃描绘了圣经中的人物和故事，宗教色彩浓厚，组成了一个神奇而又绚丽的世界，让观者为之震撼。玻璃窗的色彩以红蓝两色为主：蓝色象征着天国和圣母玛利亚；红色则象征上帝之爱与圣徒的流血牺牲。为了配得上圣母玛利亚，沙特尔大教堂天才的玻璃工匠们创造出了一种前所未有的蓝色——著名的"沙特尔蓝"。直到今天，人们仍然无法复制出这一颜色。若是从外面看，不会觉得这些玻璃有什么特别，但是当你站在教堂里面就会感觉很震撼，太阳照射在这些玻璃上，红色、紫

▲沙特尔大教堂西立面

103

色、蓝色交相辉映，仿佛把人带到了另外一个国度。在中世纪，彩绘玻璃是奢侈品，价钱昂贵，沙特尔大教堂的这些彩绘玻璃都是有钱人捐赠的。因此这些玻璃是在不同时期安装上去的，时间跨度很长，也留下了不同时代的印迹。两次世界大战期间，教堂都会把这些玻璃卸下来保存，使其免遭破坏。

沙特尔大教堂的装饰让人赞叹不已，除了彩绘玻璃之外，遍布各处的雕像也非常有名。教堂内外总共有近1万个雕像。这些雕像大小不一，生动精致。一组雕刻群像中，人物的形体、姿态、神情和动作都堪称完美，成为法国哥特式雕刻艺术的代表作。

沙特尔大教堂作为法国强盛时期哥特式教堂的开端，代表了哥特式风格的演变。它同时也展现了当时社会各阶层的生活状况，堪称中世纪法国的百科全书，在当地人心中已经不是一座教堂那么简单。1979年，联合国教科文组织将其收入到世界遗产名录之中。

第七节　威斯敏斯特教堂：英国君主的加冕之地

哥特式风格很快就不仅限于法国地区，传播到了欧洲其他地区。其中英国人由于和法国北方在文化上联系密切，很早就接受了这种新风格，不过他们对法国的哥特风格做了修正，以适应他们的品位。威斯敏斯特教堂是英国哥特式教堂中最为著名的一座，它坐落在伦敦泰晤士河北岸、议会广场西南侧。教堂最初是一座隐修院，于1045年由英国历史上著名的国王"忏悔者"爱德华下令扩建，1065年建成。由于它位于伦敦城西部，因此被称为Westminster Abbey，即"西部修道院"的意思，中文还翻译成"西敏寺"。1245年，国王亨利三世下令按照法国哥特风格重建，工程一直持续到15世纪。

　　威斯敏斯特教堂主要由教堂和修道院两部分组成，规模惊人。教堂的主体部分长156米，中厅宽11.6米，拱顶高达31米，这是英国最高的哥特式拱顶。这样的窄而高的设计，也使得教堂整体上呈现出颀长高耸的特征，显得格外庄严。威斯敏斯特教堂在很多方面都体现了同时代法国哥特建筑的影响。教堂放弃了英国教堂在中轴线上布置单一礼拜堂的传统，而是参考了法国的方式在半圆形后殿布置辐射状的小礼拜堂。歌坛部分类似兰斯大教堂，耳堂和侧廊可能参考了沙特尔和兰斯大教堂。除了侧廊二层的暗过道外，教堂内部的墙体都很轻薄。中厅两边的柱墩采用了法国盛期哥特标准的样式，每一个圆柱核心外附加多根小柱子，形成束柱。不过这座教堂还融入了不少英国特有的要素。柱墩以及附柱都采用珀贝克大理石，由此产生双色调的颜色母题。拱顶增加了英国哥特传统的装饰性脊肋。

　　由于教堂是英国王室教堂，完全由王室支付建造费用，因而教堂内部装饰得非常豪华。十字交叉处的穹顶非常绚丽，挂着巨大的吊灯，灯光把下面照得光彩夺目。教堂通往各处的地面上铺着红色地毯。穹顶西边是唱诗班表演的地方，东边则是富丽堂皇的祭坛。因为这里是英国王室举行加冕礼和婚礼的地方，所以一切都显得富贵和

▲威斯敏斯特教堂

105

喜气洋洋。祭坛前面摆放着一把椅子，是历代国王加冕时坐的。此外和椅子在一起的还有一块来自苏格兰的看似普通的石头，它被称作"圣石"。无论国王坐过的椅子，还是那块"圣石"，如今都被英国看作国宝。

教堂后殿最东端是一座规模很大的礼拜堂——亨利七世礼拜堂。原本这个位置上是圣母礼拜堂，可惜后来被损毁，16世纪初重建，专供国王私人使用。这个礼拜堂是单侧廊建筑，东端设有一个五边形后室。室内采用了极其华丽的英国垂直风格。拱顶是这座礼拜堂的点睛之笔，扇形拱向四面放射展开布满整个屋顶，上面还倒垂着钟乳石般的装饰品，让人过目不忘。墙上的壁龛里面共有95尊雕像，每一件都是精品。这个礼拜堂设计独特，从内到外都点缀满了精致细密的装饰花纹，堪称16世纪英国晚期哥特风格巅峰的代表作。

在教堂南侧，有建于13世纪的修道院，布局呈方形，四周有拱廊。在修道院东南一侧，有一个八边形的教士会堂和一个长方形的小教堂。教士会堂完成于1253年，是整个修道院教堂最先完成的部分。八边形的集中式平面布局是英国的独特传统。这个会堂和主体教堂部分分开，其立面是法国辐射哥特风格和英国本土特色相结合的代表作，自下而上分别是带三叶饰的拱廊以及由四个尖头窗组成的大窗，应该是参考了巴黎圣母院侧面礼拜堂的窗户构图。会堂内部光彩夺目。长方形的小教堂现在已经被改建为博物馆，里面陈列着许多国王、王后和贵族们的雕像。当年大人物的葬礼有个规矩，就是会在葬礼上陈列此人的雕像，几百年的时间里这里举行了大量名人葬礼，所以积攒下了众多的雕像，如今都成了文物。

教堂的立面韵律和比例也类似法国那些著名的哥特式教堂。窗子采用的是法国式的花窗格以及玫瑰花窗，但图案还比较简单。西立面上部是18世纪修建的两座塔楼，有68.5米之高，上面林立着被彩色玻璃装饰的尖顶。这些尖顶直指天空，人们在下面仰望，心里会不自觉地生发出敬畏和感叹。

威斯敏斯特大教堂除了在宗教上的重要地位之外，还在英国王室的生活中扮演着重要的角色，这里是历代国王举行加冕典礼的地方，从11世纪的国王威廉至今，除了爱德华五世和爱德华七世之外，所有国王都在这里举行的加冕仪式，包括在位时间最长的君主伊丽莎白二世女王和她的继任者查尔斯三世。此外，这里还是英国王室成员举行婚礼的地方。

葬在威斯敏斯特教堂可以说是英国最崇高的民族荣誉。这里埋葬的国王超过20位。亨利七世的陵墓是所有国王墓中最气派的一座，左侧埋葬的是伊丽莎白一世，右侧埋葬的则是被伊丽莎白一世处死的玛丽皇后。单单是这些陵墓，就可以写一部英国皇家史。除了国王墓之外，这里还埋葬着众多的文学家、艺术家、科学家、政治家等，其中最广为人知的有乔叟、狄更斯、哈代、丘吉尔、克伦威尔、达尔文、牛顿、霍金等人。此外，教堂中厅西端最醒目的位置还设有无名英雄墓，保存了两次世界大战中英军官兵的阵亡名单。

威斯敏斯特大教堂的馆藏也非常丰富，有众多的王室用品、庆典纪念品和勋章，以及关于宫廷的各种资料和实物，人们可以从中更真实和直观地了解到英国的历史。

无论从建筑艺术上讲，还是从历史和民族感情上讲，威斯敏斯特大教堂都是英国人的圣地。1987年，联合国教科文组织将威斯敏斯特大教堂列入世界文化遗产名录。

第八节　布尔戈斯大教堂：传奇色彩的世界文化遗产

12世纪末13世纪初，法国的哥特式教堂形式传播到了西班牙北部地区，在卡斯蒂利亚地区出现了一些哥特式教堂，布尔戈斯大教堂就是其中一座，它是当时卡斯蒂利亚联合王国首都布尔戈斯的主教堂。这座教堂是西班牙哥特式建筑的经典作品，规模仅次于塞维利亚大教堂和托莱多大教堂，在西班牙位列第三。1984年，联合国教科文组织将其列入世界文化遗产名录。

8世纪，阿拉伯人占领西班牙。西班牙人从没有放弃反抗和收复失地，1212年，西班牙人在一次战役中大败阿拉伯人，为了纪念胜利，同时也是为了赶走伊斯兰教，他们从南向北建起了大批天主教堂。布尔戈斯大教堂就是在这样的背景下建起来的。1221年，国王费尔南多三世和布尔戈斯大主教为教堂奠基，在经历了中间有近200年的停顿后，大教堂最终于1567年完工。因此这座教堂也是哥特式风格演变的综合典范。

和当时西班牙修建的其他教堂一样，这座大教堂的设计基本效仿法国哥特式风格，但是在具体的修建过程中，由于有来自各地的建筑师参与其中，因而教堂也融入了欧洲各地的不同设计风格。

整个布尔戈斯大教堂占地面积很大，超过了一个足球场。总体平面布局源自法国西多会蓬蒂尼隐修院，内部的主要建筑有主教堂、小礼拜堂、王室总管祠堂、金梯、回廊等。主教堂是典型的拉丁十字平面布局，长84米，宽59米。教堂内部可以看到法国布尔日教堂影响的痕迹，中厅两侧柱墩的造型、侧廊上房楼廊洞口以及板式窗花格等细节都可能参考了布尔日教堂。不过教堂里的祭坛壁龛和山墙上有很多半身像浮雕装饰，是明显的文艺复兴时期风格。拱顶的装饰性肋骨和内部的高窗则是受到诺曼底哥特建筑的影响。

教堂十字形交叉处下，立着一块墓碑石，上面记刻着民族英雄熙德的事迹，这位11世纪的卓越将领曾经在对阿拉伯人的作战中屡立战功，石碑下面便安葬着熙德和他的妻子。在石碑的上方是受伊斯兰文化影响的穆德哈尔风格的圆形穹顶，上面装饰满了星星。唱诗班席位上的座椅也是一景，这100多张胡桃木座椅是16世纪初配置的，其中一些座椅上面刻着圣经和神话传说中的故事，丰富多彩。

14世纪开始，布尔戈斯大教堂在外侧廊和回廊等处增加了多座小礼拜堂，比较有名的有王室总管祠堂和圣特克拉礼拜堂。王室总管祠堂位于教堂后殿东端，是一个八角形建筑，为了纪念1492年去世的卡斯蒂利亚王室总管，修建于15世纪末到16世纪。其中一些元素明显带有德国的风格，比如角上的柱墩由宽阔的尖拱相连、带火焰形装饰的窗户等。祠堂的拱顶最为引人瞩目，肋骨拱组成八角形图案，中央留出镂空的花饰，非常独特。

教堂北侧耳堂的尽端有一座大阶梯，被称为"金梯"，由迭戈·德西洛埃设计，完工于16世纪。它并非是用黄金铸造，而是楼梯栏杆上的透雕装饰物为金色的，有花草、人物形象，也有其他一些复杂图案，都带有明显文艺复兴时期的风格。

教堂的回廊也是哥特式的，里面装饰有大量具有当地特色风格的石雕、泥雕和木雕作品。除此之外，教堂里面还设有一个博物馆，展出了很多金银珠宝和有历史价值的文献，如一幅表现阿拉伯国王向卡斯蒂利亚国王进贡的历史绘画作品，以及一份相当于熙德结婚证的古代文件手稿，可谓西班牙文化的综合展示。

布尔戈斯大教堂的外部采用白色石灰石，外观主要受到法国兰斯大教堂的影响，有一个经典法国风格的三段式主立面。晚一些建成的耳堂和中厅采用了相同的立面。不过在15世纪时，建筑师在教堂的塔楼上方加入了尖顶。尖顶上的松针形装饰效仿的是科隆大教堂，虽然当时科隆大教堂的尖顶还没建造，但是负责布尔戈斯教堂的建筑师来自科隆，看过科隆大教堂的设计图纸。

教堂的南门气势雄壮，尤以装饰用的石雕最为出名。门楣上的浮雕规模壮观又不失精致，主要表现了传道者、天使、耶稣、教主、门徒等人物的形象。整幅浮雕作品庄严肃穆，画面对称协调。耶稣端坐在中央，一副王者风

范，12个门徒姿态各异，围绕在一边。在中柱上，刻有主教的立像，寓意忠心守护这座教堂。尖拱门里外共有三层，每一层的四周都有镂空石雕装饰，这些石雕作品虽然面貌庄严、平静，但是十分真实和生动。据说，这些作品都是出自一位名叫约翰·德·柯罗纽的设计师之手，除了门楣之外，那些镂空窗塔也是他设计的。

　　教堂的装饰还受到了伊斯兰风格的影响，毕竟阿拉伯人在这里生活了这么多年。在修建大教堂的时候，一些阿拉伯建筑师也参与其中。除了之前提到的带有明显伊斯兰痕迹的教堂十字交叉部的拱顶外，其他伊斯兰风格元素还包括马蹄形券、镂空石窗、几何图形纹饰等。

◀布尔戈斯大教堂外景

▼布尔戈斯大教堂内景

第九节　科隆大教堂：建了6个世纪的哥特式建筑

　　13世纪，西多会、托钵修会等将哥特式风格从法国传播到了德国，它与德国本土的风格相融合产生了德国哥特式。其中位于科隆的科隆大教堂是德国哥特建筑的代表作。这座大教堂最早建于4世纪末。1164年，著名的"东方三博士"的遗骸被交到这里保管，此后这里成为基督教重要的圣地，前来朝圣的信徒越来越多。1248年，修建于加洛林时代的老教堂被焚毁后，当时的科隆大主教决定以法国亚眠大教堂为模本，重新修建一座规模宏大的教堂。工程于1248年8月开始，到19世纪末才全部完工，历时630多年，是哥特教堂中工期最长的。最终建成的教堂体量和高度都非常大，是德国第二大、欧洲北部最大、世界第三高的教堂。

　　科隆大教堂从东端的半圆形后殿开始建造，但整个修建过程非常坎坷。16世纪，受宗教改革运动的影响，科隆大教堂的建设工作一度中断。宗教改革之后，德国又出现了经济衰退以及连绵不断的战争，这些因素让科隆大教堂一度因为建设资金不足而停工。这次停工长达两三百年，这期间欧洲建筑设计的理念也发生了变化，哥特式风格已经过时，很多人都悲观地认为科隆大教堂再也不可能建成了。直到300年后的18世纪末19世纪初，哥特式风格的建筑重新流行，德国人民对于继续修建科隆大教堂的呼声越来越高。当时的德国政治和经济增长迅速，国力大增，也有能力承担这项工程。1842年，在普鲁士国王弗里德里希·威廉四世的鼎力支持下，科隆大教堂复工，继续按照原来的设计图纸建造。最终在1880年10月15日，科隆大教堂竣工。

▲ 宏伟的科隆大教堂

　　科隆大教堂平面也是哥特式常用的拉丁十字形，南北宽83.8米，东西长142.6米，总面积达8400平方米。大教堂为五堂式巴西利卡，中厅宽12.6米，高46米，甚至超过了它的原型——亚眠大教堂。中厅左右两侧各有两个侧廊，两个侧廊的宽度之和与中厅相仿。中厅支撑拱顶的柱子在亚眠教堂的圆柱核心之外附加了圣丹尼斯教堂采用的小柱，强化了从拱顶到地面的垂直线条。再加上教堂内部空间窄且高，产生一种向上的驱动力，让人们不禁抬头仰望，从而升起对上帝的敬仰之情。这些柱子朝向中厅的一侧，雕刻有一排凌空站立的圣徒雕像，纤长的尺度显得教堂内部空间的巨大和高耸。教堂的半圆形后殿是最先建造完成的，在祭坛外有一道回廊，再外面辐射环绕七个小礼拜堂，类似圣丹尼斯教堂的后殿。后殿的高侧窗又高又瘦。耳堂部分比亚眠大教堂要多一跨间。

　　大教堂内有许多小礼拜堂，里面不设祭坛。这些小礼拜堂各具特色，其中一间收藏有古老的耶稣受难雕像；另外一间安葬着当年为这座教堂奠基的科隆大主教。教堂里面收藏了很多中世纪的艺术品，而教堂本身修建于中世纪的部分也成了艺术品的一部分，比如祭坛两侧的哥特式长椅，墙上的水彩笔画，供台上的基督和圣母、圣徒雕像等。那些尖窗上的彩绘玻璃也华美珍贵，祭坛回廊和小礼拜堂的尖窗被称为"圣经尖窗"。

大教堂最引人瞩目的是它的西立面。西立面二层之上的两座巨大塔楼是它的标志，上面耸立着高高的尖顶，总高达到152米，曾一度成为当时世界上最高的建筑。在塔尖上安放着紫铜铸造的圣母像，圣母高举手中的圣婴，形象优美又神圣。和左右两部分相比，立面的中部明显要小一些，这是为了衬托左右两边的塔楼。在通往塔楼顶层的中间位置，是大教堂的钟楼。钟楼里面有5口大钟，其中最大的直径3.1米，重24吨，被称作"彼得钟"，是世界上现在仍在使用的最大的一口钟。另外一口被称作"精钟"的钟历史最悠久，铸造于1448年，在当年需要20个壮汉才能将它撞响。科隆大教堂的西立面完全不同于法国哥特教堂的双塔式立面模式，这也影响了后来的德国哥特式教堂。

科隆大教堂的整个外部都在强调垂直线条。教堂外部飞扶壁墙垛的顶端、所有的塔楼和外墙的上部都用尖塔装饰。窗户全部采用竖向构图。立面的划分也是越往上越细致，形体和装饰越繁复。由此整座教堂外部都呈现出一种向上的姿态，让每一个来到科隆大教堂的人都禁不住抬头仰望，充分体现了哥特式建筑的特点。

第二次世界大战期间，科隆大教堂受到严重损坏。二战结束后，大教堂的修缮工作便开始进行。在今天，对这座教堂最具威胁的破坏者变成了空气污染，因为这里是德国的工业区。当初，为了修缮大教堂，人们设立了一个临时的办公室，不过随着历史越来越悠久，这个办公室可能会成为大教堂的一部分，也就是说科隆大教堂还将永远修下去。无论如何，科隆大教堂不仅是当地历史的见证者，更是德意志民族精神的象征。

第十节　米兰大教堂：工期达5个世纪的"大理石山"

　　虽然哥特式风格在中世纪很快传播到了英国、德国和西班牙北部，但是同时期的意大利却对这种来自法国的风格始终不太看好。意大利罗马风的传统力量很强，大多数所谓的"哥特建筑"只是借用了哥特的一些元素和手法，并且也只有意大利北部地区受到了哥特风格的影响。不过米兰大教堂是意大利少数真正意义上的哥特建筑，它位于意大利第二大城市米兰市中心。这座伟大的建筑前后修建了5个多世纪，还没建成的时候就被称作"世界第八大奇迹"。

　　1385年，加米西佐·维斯孔蒂成为米兰的统治者。在不断征服意大利中北部其他地区的同时，他于1386年下令开始重修米兰大教堂，希望把它建成世界上最大的教堂，从而彰显自己的权势。这座教堂并不是某一个建筑师构思出来的，而是由来自法国、德国和意大利本土的建筑师们共同完成。不过从最开始，本土和外来建筑师之间的争论就一直存在，设计和建造的争论过程都被详细地记录了下来。最初的方案不断地被改变，最终不同时期的不同风格都在教堂中有所体现。据统计，在长达5个世纪的工期内，先后有180名著名的建筑师、雕塑家和艺术家参与到米兰大教堂的修建中。同时，整个米兰地区的人们也都为大教堂的修建出工出力。

　　15世纪下半叶，大教堂主体建筑建成；16世纪完成了圆顶；19世纪教堂完成了四面的装饰；20世纪初，教堂基本完工，但由于在二战中损毁严重，1945年之后进行过大规模的修复；直到1965年最后一座铜门安装好，工程才算是全部完工。因为工期实在是太长，甚至在完工前就对之前的建筑进行过几次修缮，也算是一个奇迹。

　　建成后的大教堂规模非常大，长158米，最宽处93米。平面是哥特式惯用的拉丁十字形，保留了最初的中厅两边各两条侧廊的五开间巴西利卡设计。两条侧廊内高外低，都没有二层楼廊。教堂内部空间阔大庄严，中厅宽16.7米，加上侧廊内部总宽达到57.6米，可以容纳近4万人。开阔的大厅被四排巨柱隔开，这些巨柱高达26米。中厅高度也非常惊人，达到45米，比巴黎圣母院还要高11米。在圣坛的四周，有四根石柱，每根直径10米，高40米，外面砌着大理石，内部则是花岗岩石。这些巨柱的顶端有小壁龛，里面是形态各

▲米兰大教堂　这座教堂的结构比较特别，横竖都是一个十字架，因其雄伟壮观被认为是世界建筑史上的奇迹之一

异的雕塑。教堂十字交叉处高65米，上面建有采光亭。后殿部分由八边形的五面组成，有一道回廊，没有辐射状的礼拜堂。由于除后殿之外教堂的窗户都很小，因此教堂内部越往内光线越暗。但是，配上教堂两侧色彩浓重的彩色玻璃窗，反而带来了一种朦胧神秘的效果。

整座建筑由白色大理石建成，意大利12处采石场为其供应石材，光是运输这些石材动用的人力就不可计数。教堂正立面高67.9米，遵从了意大利中世纪的传统风格，并没有采取法国哥特式的双塔构图，而是通过高大的石柱强调垂直线条。入口的大门并不是法国哥特式常用的透视门，而是五扇气派的铜门。值得一提的是铜门上的方格设计，每一个格子里面都雕刻着一段故事，有的是真实的历史，有的是神话传说以及圣经中的故事。从左手边看起，第一扇门上刻的是君士坦丁皇帝的法令；第二扇门上刻的是圣安布罗吉奥的一生；第三扇门上刻的是圣母玛利亚的生平；第四扇门上刻的是米兰的历史；第五扇门上刻的是米兰大教堂的历史。大门的上方也没有法国哥特风格惯用的玫瑰花窗，取而代之的是不少源自古典的山花和圆拱窗。

和节制的教堂内部相比，米兰大教堂的外部充满了大量哥特风格的装饰。其中最明显的是大量采用了尖拱尖塔的设计。飞扶壁的支墩顶上立着高耸的尖塔，飞扶壁的连拱上也带着类似的镶尖头饰。飞扶壁所支撑的墙壁顶部也是尖拱构成的奇特栏杆。整座教堂共有塔尖135座，上面均立着雕像。最高的一座是十字交叉处的高塔，离地面有108.5米。可见设计者在教堂的外观上不断地重复着尖塔这一母题。

除了尖塔之外，教堂外部还有数不清的大理石塑像，丰富的窗花嵌板和镂空花饰，以及上面色彩斑斓的彩绘玻璃，使得教堂看上去非常华丽。雕塑是米兰大教堂的一大特色，据统计，大教堂共有雕塑6000多座，其中教堂外面2000多座、内部4000多座。这些雕塑中最有名的要数教堂正门入口上方的"镀金圣母像"了，这座雕塑制作于1774年，被安放在整座教堂最高的塔尖尖顶，阳光照射下金光灿灿，光彩夺目，今天它已经被看作米兰城的保护神，同时是这座大教堂和城市的象征。

　　米兰大教堂的伟大还体现在它在历史上曾经发挥过的作用。拿破仑在这里举行过加冕仪式；而为这座大教堂提供设计的艺术家更是数不胜数，达·芬奇还为这座大教堂专门设计了电梯。在基督教世界里，米兰教区是世界上最大的教区，米兰大教堂则是米兰教区的主教堂。这座用大理石砌成的宏伟建筑，已经不再是一个教堂那么简单，它身上承载了这个地区千百年的历史，是米兰人精神的支柱。这样一座建筑，也只能用"伟大"和"奇迹"来形容了。

▲米兰大教堂外部浮雕

第六章　天才的时代——文艺复兴建筑

从公元476年开始，欧洲人在经历了近900年漫长的黑暗时期之后，终于迎来了光明的曙光。从1300年起，西欧开始进入全面繁荣时期，经济复苏催生了资本主义的萌芽，自然科学和生产技术取得了很大的进步。在但丁和彼特拉克等先驱人物的带领下，意大利兴起了一场通过重新认识古典文化进而挣脱神权禁锢的变革运动，19世纪的艺术史家把这段时期称为"文艺复兴"。文艺复兴使得建筑也发生了翻天覆地的变化。这种变化不仅表现在建筑的风格上，也反映在行业准则和委托人的期待上。这一巨变经过200多年逐渐扩展到了整个欧洲。在这段时间中，建筑师们开始阅读古代建筑著作，研究古希腊古罗马遗迹，并将古典建筑语言运用到新的建筑中。这一时期可以称得上是天才辈出的时代，伯鲁乃列斯基、阿尔伯蒂、伯拉孟特、米开朗基罗、帕拉第奥等，每一位都在建筑史上留下了绚烂的一章。

第一节　伯鲁乃列斯基与佛罗伦萨圣母百花大教堂穹顶

意大利北部的佛罗伦萨在中世纪一直是欧洲最大和工商业最发达的城市。13世纪末，佛罗伦萨工商业和手工业行会从贵族手中赢得了政权后，决定修建一座新的天主教堂，即今天的圣母百花大教堂，也称佛罗伦萨大教堂。这座新教堂建在为纪念圣徒雷帕拉塔而修建并命名的旧教堂原址上。佛罗伦萨人想要把这座大教堂建成"人类技艺所能想象的最宏伟、最壮丽的大厦"。

建筑设计被委托给了当时正在主持圣十字教堂和韦奇奥宫建设的阿诺尔福·迪·坎比奥。他设计的是一座哥特式教堂，平面采用了传统的拉丁十字式，但创新性地在东端安排了一个以歌坛为中心的集中式布局。十字交叉部的歌坛呈八边形，边对边跨度超过42米，对角的直径达到45.5米，这个距离甚至超越了罗马万神庙。横厅的南北两端与后殿是三个类似的八边形房间。

1296年9月8日，大教堂举行了奠基仪式，罗马教皇派出使者红衣主教，放下了第一块奠基石。为了筹措修建教堂所需的巨额资金，佛罗伦萨专门设立了一个税种，教皇也承诺将为捐款者免罪。可惜的是，1302年坎比奥去世的时候，教堂只建起了正墙和部分侧墙。受到佛罗伦萨当时的政治危机和黑死病的影响，之后教堂停止了建设，于1355年才重新动工。就是在这段时间里，著名画家乔托·迪·邦多纳在教堂的左前侧设计了一座巨大的钟楼，高达82米，后来成为教堂的重要组成部分。这座塔楼也被称为"乔托钟楼"。

1355年重新动工之后，弗朗切斯科·塔连蒂成为教堂的主建筑师。为了能够在规模上超过周边包括比萨和锡耶纳在内其他地区在建的教堂，他扩大

了教堂的规模。到1380年中厅完工的时候，它已经成为一座总长153米，包括侧廊在内中厅宽38米、横厅总宽90米的中世纪最大教堂之一。

但是，一个不可避免的问题摆在那里，十字交叉部八边形歌坛上方的顶盖要如何修建？按照预定计划，这里要修建一个穹顶。但这个空间不仅直径巨大，底面的八边形并不规整，穹顶跨度太大，由此产生的巨大侧推力很难抵消；而且墙体又很高，有50米，增加了施工的难度。首任建筑师坎比奥当初为教堂穹顶制作过一个模型，不过后来被毁，建筑师的建造思路也没能流传下来。1366年，塔连蒂的继任者乔尼瓦·迪·拉波·吉尼提出了一个解决方案，即用飞扶壁来平衡穹顶的侧推力。虽然这一方案在当时的技术条件下有可行性，但是倔强的佛罗伦萨人坚持绝对不能在主穹顶上使用飞扶壁这一明显的哥特造型。

▲佛罗伦萨圣母百花大教堂壁画

由于技术难度之大前所未有，大教堂的主穹顶经过了多名建筑师的尝试，却一直没能完成。最后佛罗伦萨当局不得不在1418年举行了公开的设计竞赛，赢者有奖励。佛罗伦萨以及周边托斯卡纳其他地区很多建筑师、工匠和雕塑家们踊跃提交方案，可惜都没有通过。最后中标的是菲利波·伯鲁乃列斯基，他后来被誉为文艺复兴时期最有名的建筑师之一，但当时他还只是一个小有名气的金匠。

　　伯鲁乃列斯基于1377年诞生于佛罗伦萨一个富裕的公证人家庭，从小接受过良好的教育，表现出对机械的浓厚兴趣；年轻的时候学习金饰雕刻，是当地金匠行会的成员。1401年曾经作为雕刻家参加过佛罗伦萨洗礼堂大门设计竞赛，输给了另一位雕塑家洛伦佐·吉贝尔蒂。之后他便将自己的兴趣转向建筑，并前往罗马对古代建筑的遗迹进行测绘研究，特别是对罗马万神庙穹顶构造技术的研究，帮助他找到了解决佛罗伦萨大教堂穹顶问题的方法。

　　伯鲁乃列斯基提出的方案非常大胆，他打算在不制作施工时用于临时支撑穹顶的拱鹰架情况下，直接建造一个穹顶。他的设计一提出就引起了轰动，人们对这种前所未有的设计报以怀疑。伯鲁乃列斯基制作了一个直径1.8米、高3.6米的砖头模型最终说服了委员会。1420年，他获得市政当局授权，开始建造大穹顶。他亲自参与了整个施工过程，还为此设计了许多新形式的施工机械，比如能垂直吊运巨石的"牛力吊车"、能横向运送建材的"城堡"。1436年，在克服了重重困难之后，穹顶基本完工，教皇尤金四世为大教堂举行了祝圣礼，成千上万市民聚集在教堂里和大街上，观看这一盛事。

　　伯鲁乃列斯基设计的这个穹顶位于一个12米高的八边形鼓座之上，其并不是一个标准的半球形，而是借鉴了哥特教堂的宝贵经验，采用了双圆心的尖拱形式，这样可以减少侧推力。八边形鼓座的每个角上各设置有一条主肋，一共8条；每两条主肋之间还有两条小肋，总共16条；然后水平方向用9道横梁将主肋和小肋连接成一个整体骨架，对穹顶起支撑作用。穹顶被设计

成双层壳结构，中间有楼梯通向顶部。为了减少穹顶自身的重量，底部用石块砌成，而到了顶部改用轻质一些的砖头。与罗马万神庙一样，穹顶的厚度也越往上越薄。

伯鲁乃列斯基还设计了穹顶采光亭。1461年，随着采光亭顶部的铜球安装完成，最终穹顶从地面到顶部高度123.1米。穹顶的外表面全部覆盖红砖，内部的天花板上有后来16世纪佛罗伦萨著名画家瓦萨里绘制的《末日审判》。在晴好的天气里，蓝天映衬出大教堂穹顶的雄伟，整个佛罗伦萨都庇护在它的阴影下。这座巨大的圆形屋顶得到了佛罗伦萨人的一致赞赏，就连百年之后的米开朗琪罗也说："我可以建一个比它更大的圆顶，却不可能比它的美。"可惜伯鲁乃列斯基并没能亲眼看到穹顶最后完工的样子，他于1446年去世，破例被安葬在这个他所建造的穹顶之下。

佛罗伦萨大教堂的这座穹顶是自罗马帝国灭亡以来，意大利人第一次建造出拥有巨型跨度和超高高度的穹顶。它的意义不只是在结构上的创新，还在于突破了教会的禁忌。在此之前，西欧的天主教教堂全都采用的是巴西利卡式的平面布局，而带有穹顶的集中式教堂是东方东正教教堂形式，被视为异教。由于意大利北部长期和阿拉伯、埃及等有商业贸易，对东方文化比较包容，并且此时天主教势力比较薄弱，因此才能由此突破。大穹顶的落成是人文主义的又一次胜利，标志着意大利文艺复兴建筑史的开始。

第二节　米开罗佐与美第奇家族府邸

佛罗伦萨之所以能成为意大利文艺复兴的重镇，和当地的一个重要家族——银行业巨头美第奇家族有着密切的关系。文艺复兴时期的很多大家都曾受过美第奇家族的资助，如达·芬奇、伽利略、米开朗基罗等。有人曾说，不能说没有美第奇家族就没有意大利文艺复兴，但没有美第奇家族，意大利文艺复兴肯定不会是今天我们所看到的面貌。

美第奇家族作为15—18世纪中期意大利甚至欧洲最著名的家族，出过很多名人，包括三位教皇。这个家族早年从事羊毛纺织业起家。1397年，乔凡尼·美第奇创办了美第奇银行，并通过和教皇结盟，迅速将其发展为意大利甚至欧洲最大最重要的金融机构。他的儿子科西莫·美第奇更有野心，希望带领家族往政治方面发展。在他的努力下，美第奇家族牢牢掌控了佛罗伦萨的政治主导权，成为这个城市的实际统治者。从乔凡尼开始，美第奇家族四代都是艺术和文学爱好者，为文艺复兴的艺术家们提供了广阔的创作舞台。

1444年，科西莫·美第奇决定在佛罗伦萨修建一座新的宅邸。他委托了当时不那么有名的米开罗佐·迪·巴尔托洛梅奥设计建造。米开罗佐比伯鲁乃列斯基要年轻一些，于1396年出生于佛罗伦萨，是一位来自勃艮第的裁缝的儿子。他童年时期的情况人们知之甚少，有记载他曾经在铸币厂担任过雕刻师。米开罗佐早期曾经作为吉贝尔蒂的助手参与雕刻和青铜铸造，后来成为伯鲁乃列斯基的追随者。1446年伯鲁乃列斯基去世后，米开罗佐接替他完成了圣母百花大教堂采光亭的建造。米开罗佐深得科西莫的赏识，一直是美第奇家族的御用建筑师。

当时佛罗伦萨作为意大利的商业中心聚集了大批有钱人，他们毫不吝啬地拿出大笔财富来修建住宅，因此府邸也成了文艺复兴时期重要的一种建筑类型。但是一开始这些集防御、办公和住宅三种功能于一体的建筑通常都比较简单。米开罗佐设计的美第奇府邸突破了传统，作为文艺复兴早期宫殿府邸建筑的代表作，无论平面上的设计、立面上的构造，还是各处的装饰，都对后来佛罗伦萨甚至托斯卡纳地区府邸建筑影响巨大。

　　美第奇家族至少拆除了20栋房屋，才为新的府邸腾出了足够的空间。这座府邸从1444年开始建造，约20年后完工。它规模宏大，总共有40多个房间，平面上接近正方形，但并没有完全遵循对称原则，围绕中央一个庭院布置，后面设有花园。各种房间根据功能布置在不同楼层不同位置。主入口位于南侧的正中，进入后是通向中庭的长长门廊。底层由一系列规模逐渐缩小的套间组成，主要是办公和起居的场所，包括会客室和小礼拜堂。通过中庭边上的楼梯可以到达二层，二层和顶层主要是儿童房和服务用房等。

　　府邸中央的正方形庭院是最能体现伯鲁乃列斯基对米开罗佐影响的地方。庭院的立面显然是以伯鲁乃列斯基设计的佛罗伦萨育婴院外立面为模板。顶层是柱廊，中间一层比较封闭，虽然有窗户，但是都比较小。底层采用了连拱廊设计，所有12根柱子都完全相同，有着华美的组合柱头。这种布

▲美第奇家族成员雕塑

局方式从平面和受力上很正常，但从实际现场看，在转角处由于两侧拱券在此处集中重叠，落在转角柱上的部分过于尖锐、单薄，二层靠近转角的窗户也显得很挤。米开罗佐在设计细节把控上还有所欠缺。不过从总体上讲，内院的存在并不压抑，让人觉得比较放松。

在当时的府邸建筑传统中，楼板一般用拱券设计支撑，比较厚重，这就使得上下层建筑上的窗户离得比较远。美第奇家族的府邸楼板并没有采用拱券设计，但上下层的窗户仍旧保持了较远的距离，主要是为了立面协调而这样设计，因而从室内看窗台高得过分。并且有些房间窗户不对称，已经失去了实用性，而这只不过是当时的传统而已。

府邸临街的两个外立面高25.3米，分为三层。底层创新性地使用了大块的粗犷面石，这类石材在当时产量较少且价格昂贵，随后成了一种地位的象征。二层虽然也是用石材，但是选择的是比较细密的石材，并且表面处理得比较细致，不过在石材之间留出了较宽的缝隙。顶层则砌得严丝合缝。这样的建筑材料和形式处理不仅明确表达了建筑本身的结构体系，也使建筑整体上具有稳重感。

这个府邸的底层比较高，厚实的墙体上设有圆拱开口，有着浓厚的防御意味。16世纪米开朗基罗将转角处的拱门封上，改成了带三角山花的窗户。二层和三层的高度要小于底层，这两次的窗户上下对齐，左右间距也都完全相等，但是它们的中心并没有和底层开口对应。虽然也采用了和底层类似的圆拱开口形式，但是样式更偏中世纪，一个单栱内由一根小圆柱分隔成两扇窗叶。建筑顶部有一个巨大的屋檐，檐口高约2.5米，这样的大小与立面的整体高度在比例上比较和谐，但会显得第三层有点压抑。檐口来源于古典柱上楣的形式，设置有楣梁，装饰线脚丰富。为了让建筑整体看起来更稳重，各层之间更加协调，米开罗佐将每一层的分层线做了精心的设计。一般建筑的分层线就是楼板的位置，但是在这里第一层的分界线放到窗台的高度，最终

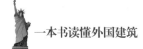

的效果是每一层高度都不一样，底层最高，中层次之，顶层最矮，呈金字塔式。建筑东南角的转角处中央装饰有美第奇家族族徽。在建筑沿街的两面，美第奇家族还让工匠制作了一排靠墙石凳，提供给过往市民休憩使用。

17世纪这座建筑转入了美第奇家臣里卡尔迪家族之手，因而又被称为"里卡尔迪府邸"，该家族在18世纪又对其进行了大规模的扩建。总的来看，这座府邸显示了美第奇家族的权势，还有意在一些细节设计上暗示对古罗马共和国建筑的怀旧感情，这些都使得它成为文艺复兴时期新兴府邸建筑的模板。

第三节　阿尔伯蒂和曼图亚的圣安德烈亚教堂

如果说伯鲁乃列斯基从建筑实践上突破了中世纪的传统，那么在建筑理论上奠定文艺复兴建筑基石的则是15世纪同样生活在意大利的莱昂·巴蒂斯塔·阿尔伯蒂。1404年，他出生在意大利北方的热那亚，是被流放的佛罗伦萨贵族后代，从小接受了良好的教育。和伯鲁乃列斯基一样，阿尔伯蒂最初也并不是一名专业建筑师，他兴趣广泛且多才多艺，精通法律、文学、艺术、数学、工程等。通过对古典建筑的研究，特别是认真研读了罗马时期建筑师维特鲁威所写的《建筑十书》之后，他在1452年用拉丁文写成了文艺复兴时期最重要的建筑理论著作《建筑论》，这同时也是西方近代第一部建筑理论著作。

为了致敬《建筑十书》，阿尔伯蒂的《建筑论》也分为十个篇章。在书中，他肯定并进一步发展了维特鲁威提出的"坚固""实用""美观"三个建筑基本原则。他将建筑的实用性扩展到三类：（一）仅满足生活基本需求；（二）用于特殊用途；（三）服务短暂娱乐。他还进一步详细探讨了"美观"这一原则，他认为建筑美来自"和谐"，和谐是自然界最高的法则，就如同数和比例，建筑的和谐在于各局部相互之间以及局部和整体之间的呼应与协调。阿尔伯蒂认为建筑最主要的装饰是柱式，他整理了维特鲁威书中提到的三种柱式，还根据考古总结了罗马人发展的另外两种柱式：塔斯干柱式和组合柱式。他极大地提升了建筑师的地位，认为建筑是一门重要的科学，并不是任何人都能胜任的。建筑师"必须具有最强的能力、最充溢的热情、最高水平的学识、最丰富的经验"。

虽然阿尔伯蒂更倾向于研究理论，但是他也有过一些建筑实践，尝试把古典建筑原则运用到实际建筑中，尽管通常需要别的建筑师来帮助他处理具体建造的问题。其中最有名的是位于曼图亚的圣安德烈亚教堂。作为罗马大诗人维吉尔家乡的曼图亚位于意大利北部，是一座四面被水环绕的美丽城市。1470年受到曼图亚统治者卢多维科三世·贡扎加的邀请，阿尔伯蒂设计了圣安德烈亚教堂。教堂始建于1472年，直到18世纪才建成大部分。尽管这座教堂在阿尔伯蒂去世后才完工，但其正立面和中厅基本忠实地实践了阿尔伯蒂的设计意图。

这座教堂采用了中世纪常见的拉丁十字平面，但应当是参考了古罗马的君士坦丁巴西利卡，放弃了传统的中厅加侧廊的布局形式。中厅上方覆盖古罗马式的宏伟筒形拱，拱顶跨度约18.3米。为了支撑这个巨大的拱顶，中厅两侧用厚重的侧墙支持。原本的侧廊部分变为一个个嵌在墙墩中的小礼拜堂和小室。小礼拜堂的上方也覆盖着筒形拱。这样建筑内部产生了两条轴线：一条是中厅由筒形拱产生的指向东端圣坛强烈透视感的纵向轴线，另一条是侧面小礼拜堂和小室交替产生的横向轴线。这种做法也影响了后来的教堂建筑。教堂内部的构件比例，如拱脚的高度，都是遵守阿尔伯蒂《建筑论》中表述的法则，使得教堂内部看上去非常和谐。

▲曼图亚的圣安德烈亚教堂

　　为了保留位于教堂右前方的中世纪塔楼，阿尔伯蒂缩小了正立面的宽度，使它和内部教堂宽度并不一致。和平面一样，阿尔伯蒂在立面设计上也试图再现古典建筑的气质，创造性地将古典神庙和凯旋门母体结合在一起。四根立于高大柱础上的巨型科林斯壁柱支撑着柱上楣和形状较扁的三角形山花，这个是古典神庙的基本图示。中央两根壁柱之间嵌入了一个凯旋门式的巨大拱券门廊，上面有优美的藻井拱顶。这个深深的大门廊两侧各有一个覆盖拱顶的小开口。这种组合实际上是再现了教堂内部中厅的基本空间节奏。立面左右端头的两个开间被划分成了三层，从下到上包括侧门、龛室和圆拱窗。这样的设计可能是受到古罗马提图斯凯旋门的启示，衬得那四根划分立面的壁柱显得更加高大。圣安德烈亚教堂的立面无论不同风格建筑形式的混杂还是巨柱的运用都是前所未有的，表现出了雄伟壮观的气势。不过由于阿尔伯蒂希望保持立面拱券和室内拱券的高度和比例一致，不得不降低了外立面神庙部分高度，并且在山花上方再设置一个拱门来遮挡后方突出的中厅屋顶。

由于阿尔伯蒂在理论上有很高的造诣，他的作品比同时代其他建筑师的看起来更具有古罗马风范。阿尔伯蒂集建筑师和学者于一身。从他开始，建筑师不再是中世纪那种专门和砖石打交道的工匠，而是一种需要脑力和人文知识储备的备受社会尊崇的高级职业。

第四节　伯拉孟特与坦比哀多

15世纪末，随着佛罗伦萨统治者洛伦佐·德·美第奇的去世和米兰大公斯福尔扎的倒台，意大利北部的艺术活动开始沉寂下来，罗马逐渐成为意大利的政治文化中心。杰出的建筑师和艺术家们都聚集在罗马，文艺复兴运动开始进入黄金的盛期。这一时期标志性的建筑师是伯拉孟特，他是一名大器晚成的建筑大师。

1444年，伯拉孟特出生于乌尔比诺的平民家庭。有关他早年经历的记录不是很多，只知道他原本是一个画家，对透视法有过专业训练。1481年，伯拉孟特来到米兰开始了他的建筑实践。在米兰，他和文艺复兴三巨头之一的莱奥纳多·达·芬奇一起共事多年。虽然达·芬奇并没有任何实际建成的作品，也没有专门的建筑理论著作，但是在他流传下来的笔记中有不少零散的关于集中式教堂平面和立面的图文。伯拉孟特在和达·芬奇交往的过程中，深受其建筑思想的影响。1499年米兰因为战争被法国人攻陷，伯拉孟特不得不离开米兰，来到罗马，并在那里度过余生。在罗马伯拉孟特才真正开始他的建筑生涯，成为他这一代最伟大的建筑师。

伯拉孟特来到罗马时已经55岁了。他一到罗马便花了很多时间自费考察、测绘罗马城内及其周边的古代遗迹。伯拉孟特的研究引起了那不勒斯主教的注意，他从主教那里获得了他在罗马的第一个委托——和平圣玛利亚修道院的回廊。之后，伯拉孟特很快在罗马站稳了脚跟，设计了不少建筑作品。

1502年，伯拉孟特受西班牙国王费迪南德二世和皇后伊萨贝尔的委托，在罗马城内台伯河西岸的蒙托里奥圣彼得修道院内院正中，为纪念使徒圣彼得修建一个小教堂。彼得是耶稣最喜爱的得意门生，是基督教早期的领袖，后被古罗马皇帝尼禄迫害，在罗马殉道而死。传说圣彼得就是在这座小教堂所在的地方受难。这座小教堂被称为"坦比哀多"（Tempietto），即"小神庙"的意思。正如这一名称所示，这个建筑参考了包括台伯河边的灶神庙、罗马万神庙在内的几座古典时期的圆形神庙，从纪念性出发放弃了传统的拉丁十字平面，而是选择了古典的圆形集中式布局方式。

教堂的体量很小，由上下两层构成。底层外面是一圈由16根塔斯干柱组

▶坦比哀多的外观
这是一个很小的教堂，却成为梵蒂冈圣彼得大教堂、伦敦圣保罗大教堂，甚至美国白宫穹顶设计的范本

成的柱廊，柱子高3.6米。伯拉孟特遵照古典柱式的原则，选择了代表强壮男性的塔斯干柱式，这符合纪念人物圣彼得的气质。柱头上面的柱上楣采用三陇板和陇间壁交替设置的做法也完全合乎古典规范。其中陇间壁上雕刻有象征圣彼得的钥匙以及基督教礼拜用的乐器、圣餐杯、香炉等器具，进一步增加了这个建筑的纪念性质。柱廊中央是一个直径6.1米的内殿。内殿的外墙有壁柱和贝壳形壁龛等古典造型的装饰构件。内殿下方还有地下墓室，里面珍藏着圣彼得受难的十字架。

坦比哀多的第二层是一个立在鼓座之上的穹顶。鼓座位于内殿上方，高2米，鼓座的墙上同样也有壁柱和贝壳形壁龛装饰，与下层呼应。穹顶有一定的厚度，它的内部和外部都是半球体。连穹顶上的十字架在内，建筑总高14.7米。一层柱廊的屋顶在鼓座之外形成一圈平台，平台外边缘设有栏杆。栏杆的设计增加了建筑立面的层次和虚实变化，产生了丰富的光影效果，加强了建筑的雕塑感。

伯拉孟特创造性地将圆形神庙的优雅和穹顶的庄严结合在一起。他认真地推敲了每一处比例，使它达到近乎完美：柱廊的宽度和内殿的高度相等；鼓座的高度大致与穹顶外半径相等；穹顶的直径和内殿的高度成比例。总之，在这个小教堂中，伯拉孟特并没有对任何一个古罗马建筑原型进行简单模仿，而是借助了古典建筑的语言，创造属于新时代的纪念性建筑。为了使这座小教堂和周围环境相适应，伯拉孟特还设计了一个方案——将庭院和周围建筑改造成柱廊环绕的圆形，可惜没有建成。

虽然坦比哀多与文艺复兴时期其他著名的建筑相比，规模很小，但是它给人留下深刻印象，影响深远。这个建筑充分体现了伯拉孟特的建筑理念，为文艺复兴盛期建筑奠定了基调。同一时期，"文艺复兴三杰"之一的拉斐尔创作的油画《圣母的婚礼》背景中的礼拜堂就参考了坦比哀多。我们在梵蒂冈圣彼得大教堂、伦敦圣保罗大教堂、巴黎先贤祠甚至美国白宫的穹顶设

计中也都可以看到它的影子。

第五节　米开朗基罗与罗马卡比托利欧市政广场

　　文艺复兴盛期重要的建筑师是米开朗基罗·博那罗蒂，作为"文艺复兴三杰"之一，可能他更为人熟知的是作为雕塑家和画家，但他的建筑作品在文艺复兴盛期和后期有着重要的地位，甚至影响了随后的巴洛克建筑。

　　米开朗基罗于1475年出生于意大利佛罗伦萨附近的卡普莱斯，父亲曾任地方官。13岁时，他开始学习绘画和雕塑，很快就展露了天赋。他受到美第奇家族的赏识与重视，得以在美第奇宫里学习研究大量宫廷艺术品，从而打下了坚实的艺术创作基础。在赞助人洛伦佐·美第奇去世后，米开朗基罗来到罗马，为圣彼得教堂制作《哀悼基督》雕像。这个雕塑作品让他一举成名，被教皇尤利乌斯二世所看重。据说，在罗马为尤利乌斯二世修建陵墓的过程中，米开朗基罗受到伯拉孟特的排挤，被教皇安排去梵蒂冈宫南侧的西斯廷礼拜堂绘制天花板，完成了著名的《创世纪》。

　　在40岁的时候，米开朗基罗才转向建筑。和之前介绍的几位建筑大师一样，米开朗基罗也没有接受过建筑师的正统训练，他的建筑知识完全来自自学。但这也使得他不受传统的束缚，更具有突破精神。和伯拉孟特不同，米开朗基罗基本不再严格遵循古典建筑的比例和构图原则，想要创造出自己的建筑风格。他常常利用各种手法，甚至有时候打破古典美重视的均衡，用夸张变形来使建筑富有张力和表现力，因此后来的学者将他的风格称为"手法主义"或"矫饰主义"。在完成美第奇家族委托的佛罗伦萨圣洛伦佐教堂、美第奇礼拜堂和劳伦齐阿纳图书馆之后，米开朗基罗于1534年再次来到罗马，并在那里一直待到了生命的最后。在罗马，他完成了自己最重要的几个大型建筑作品，其中就包括罗马卡比托利欧广场。这是文艺复兴时期最重要的城市规划和设计项目之一。

卡比托利欧广场又被称为"市政广场"，位于罗马中心七丘之一的卡比托利欧山上。卡比托利欧山在古罗马共和国早期就是重要的宗教圣地，有好几座重要的神庙，包括朱庇特神庙和朱诺神庙。古罗马帝国时期，这里还是政治中心，中世纪时，这座小山同整个罗马城一样也遭到了破坏。神庙被拆除，取而代之的是作为市政官员驻地保守宫和阿拉科埃利的圣玛利亚教堂，原来的国家档案馆则被改造成了元老宫，现为市政厅，变成了世俗行政权力的中心。1536年，米开朗基罗受教皇保罗三世的委托，对这座广场进行改造，把它重新塑造

▲卡比托利欧广场　米开朗基罗用建筑、雕塑、台阶和不规则场地等不同的要素构建了一个完整统一的广场，是城市设计的典范

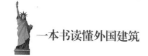

成一个纪念性的市民广场。由于基地周边已经存在不少历史建筑，环境整体无序、不规则，为设计增加了不少难度，主要工程一直到17世纪才完工。

米开朗基罗在面对这样复杂的基地条件时，并没有选择"拆光旧建筑，让自己的创造力自由发挥"，而是选择保留已有的两个现存建筑，没有变动它们的位置，只是对它们进行了一系列改造。首先，他调整了元老宫的入口方向，把它的背面改成正面，还在它前面增加了一对大台阶。他巧妙利用了元老宫和保守宫的夹角，在保守宫的对面设计了一座与之对称的新的宫殿（又称为"新宫"）。这样就形成了一个以元老宫为中轴的梯形广场。梯形广场的纵深79米，比较短的底边宽40米，长底边宽60米，元老宫位于广场中轴线尽端的长底边，短底边向通向山下的长台阶敞开。为了丰富广场的层次，广场地面铺成椭圆形，进一步强调了梯形的形式。椭圆形的正中放置着从山下罗马广场迁来的古罗马皇帝马可·奥勒留的骑马雕像。它是从古罗马至今保存得最好的一尊罗马皇帝雕像，不过当时的人们将其认错成了第一位承认基督教地位的君士坦丁大帝，所以这尊雕塑在当时被作为基督教帝国的象征。这尊雕像对卡比托利欧广场的设计非常重要，其处于广场的视觉中心。

作为建筑师，米开朗基罗特别重视把握建筑视觉效果的统一。这一点在他的罗马卡比托利欧广场的设计中表现得尤为突出。广场上的三座建筑虽然建造时间不同，但是米开朗基罗参照改造后的元老宫，重建保守宫的立面，而后来新宫建造时又参考了保守宫的设计。因此，广场上三座建筑最终呈现统一的形式。由于元老宫（高27米）和另外两个建筑（高20米）高度相差不大，为了突出元老宫，米开朗基罗将它的底层设计成了高高的粗面石基座层，又在中央设置通向主层的双跑楼梯。上面两层采用了巨大的科林斯壁柱划分立面，但两侧之间没有水平划分。保守宫和新宫只有两层，同样也采用了巨柱式。巨大的壁柱立在高高的柱础上，贯穿两层，支撑顶部厚重的檐口。檐口上方还有一圈栏杆，中间有雕像加以分隔。底层采用的是敞廊设计，实际支撑二层墙体的是巨柱边上的两根小圆柱。但圆柱支撑的不是之前常见的拱券，而是水平的楣梁，它们构成了次级的柱式体系。一二层之间的这些楣梁，在强调建筑体量的同时，也因为透视效果产生动态指向性，突出了位于广场尽头的元老宫。保守宫和新的立面装饰既有节制，又条理清晰。在细节上也能看出米开朗基罗的大胆创新和强烈的表现张力，比如保守宫底层贴近巨柱的圆柱采用了非传统的间距，给人一种挤压窒息感。

总之，米开朗基罗在卡比托利欧广场设计中利用建筑、雕塑、台阶和不规则场地以及室外环境等不同的要素构建了一个完整生动、布局合理的统一体，成为之后城市设计的重要典范。

第六节　帕拉第奥与圆厅别墅

1527年，罗马被外国军队攻陷，意大利建筑创作的中心再次从罗马回到了北方，文艺复兴建筑进入了晚期。安德烈亚·帕拉第奥是意大利建筑师，也是对后世影响最大的建筑大师和建筑理论家之一。他于1508年出生于离威尼斯不远的帕多瓦一个磨坊主家庭，13岁开始接受石匠训练，1524年来到威尼斯西北的维琴察，一直到1580年逝世，他一生大部分的时间都待在这个不大的古老小城中，他的建筑实践也都集中于此。在这里，帕拉第奥结识了维琴察贵族出身的詹乔治·特里西诺公爵，在其鼓励和赞助下，学习数学、音乐和拉丁文知识，并多次前往罗马考察、测绘和研究古罗马的遗迹。在这个过程中，帕拉第奥掌握了建筑设计相关的技能。

帕拉第奥非常推崇维特鲁威，把其视为自己建筑生涯的"主人和导师"。他曾经为1556年出版的意大利语《建筑十书》绘制了插图。他原本打算像维特鲁威和阿尔伯蒂那样，出版一部十个篇章的建筑理论著作，但1570年最终出版时只有四个篇章，被后人称为"建筑四书"。在这本书中，帕拉第奥不仅详细论述了古典柱式法则、古典建筑的基本原理，还展示了一些自己作品的图例，并附有尺寸和说明。帕拉第奥同阿尔伯蒂一样认同维特鲁威的建筑三原则，但他将"实用"或者说"适用"，而不是"坚固"放在了第一位，认为"适用"包括建筑应当与使用者身份相适应，还要有整体和部分之间的协调。

15世纪开始，乡村生活作为一种逃离城市痛苦享受安宁的生活方式，受到很多显赫家族的推崇，他们开始在郊区建造别墅，因而带来大量的住宅设计需求。帕拉第奥本人十分重视住宅这一建筑类型，认为它"是公共建筑的原型"。在他的《建筑四书》中，住宅甚至被放在了神庙建筑前面进行介绍。他的设计作品以邸宅和别墅为主，其中最著名也最能体现其和谐比例思想的是圆厅别墅。

这座别墅位于维琴察的郊区，是为教皇宫中一位退休的高级教士所建，于1552年建造。它坐落在一片高地的顶部，可以环视周围美丽的景色，这是帕拉第奥理想中的别墅场所。由于这座别墅只是供主人休闲娱乐使用，不需要其他附属房间，因此在设计中，帕拉第奥可以充分实践自己的设计理想。他采用了集中式的布局方式，创造性地将正方形、长方形特别是圆形这些简单几何形运用到了住宅的平面中。别墅一共分为三层，底部的地面层主要是服务用房，包括厨房、洗衣房和仆人房间。二层是最主要的楼层，主体为正方形，每边都各向外突出一个长方形的门廊，每个门廊前都有一个室外大台阶直通地面。二层的正中是一个方形房间，中间相接了一个直径为12.2米的圆形大厅。这个圆厅也是这个别墅名字的来源。方圆相接剩下的部分是四个通往三楼的简陋小楼梯。圆厅周围其他房间有大小两种，全都依照纵横两个轴线对称布置。

圆厅别墅的外观也是由单纯而优美的几何体构成。四面的门廊是带古希腊式三角形山花的6柱爱奥尼柱式柱廊。山花和大台阶突出了作为主体的二层，极大地增加了建筑的庄严和华丽。这些门廊也具有一定的实用性，提供了每个方向观看周围风景的视角，还能遮挡炎炎夏日的烈日。中央圆厅的上面覆盖圆形的穹顶，这是穹顶第一次出现在住宅的立面当中。可以说圆厅别墅是希腊神庙和罗马万神庙的结合。由于这个建筑以完全对称的布局设置，因此这里不存在正面、背面或侧面，所有立面都完全相同。

从阿尔伯蒂开始，文艺复兴时期的建筑师们特别重视通过比例来控制公共建筑的整体和谐，而帕拉第奥则将比例引入了住宅设计。圆厅别墅中，门廊的宽度是整个立面宽度的一半，大台阶与门廊构成了一个正方形，即大台阶和门廊的总进深等于它们的面宽。别墅中较大的方形房间长宽比为5∶3，较小的方形房间长宽比为3∶2。可以说圆厅别墅完全符合帕拉第奥在其著作中论述的有关美在于整体和部分、部分与部分之间的协调原则。

作为16世纪意大利文艺复兴时期的最后一位建筑大师，帕拉第奥通过他的著作和实践对后世产生深远影响。他的《建筑四书》后来被法国皇家艺术学院的建筑学教育奉为经典，传到了世界各地，对法国古典主义和英国18世纪建筑产生了巨大影响。圆厅别墅也成为后来西方建筑师争相模仿的对象。

第七节　群星璀璨的圣彼得大教堂

文艺复兴时期最重要的建筑莫过于梵蒂冈的圣彼得大教堂。这座可以算得上这一伟大时代纪念碑的建筑是包括伯拉孟特、拉斐尔、米开朗基罗、马

代尔诺和贝尼尼几代最优秀建筑师和艺术家共同努力的结果，代表了16世纪意大利建筑、结构和施工的最高成就。

早在333年，这里就有一座巴西利卡式的老圣彼得大教堂，是第一位信奉基督教的罗马帝国皇帝君士坦丁下令建造的。这里由于埋葬着圣彼得以及历代罗马教皇的灵柩，也是历代神圣罗马帝国接受教皇册封的地方，所以具有神圣地位。但是到了16世纪，历经千年，一方面，老教堂已经破败不堪，无法满足教会发展的需要了；另一方面，1453年，君士坦丁堡陷入伊斯兰教徒之手，这件事极大地刺激了基督教世界。此时，耶路撒冷的圣墓教堂和圣诞教堂也处于伊斯兰教的控制之下。为了重塑教会权威、建立以基督教为世界中心的愿景，1503年，当雄心勃勃的尤利乌斯二世当选为教皇后，决定拆除老教堂，新建一座大教堂。新教堂于1506年动工，最终在17世纪完成。在100多年的建造过程中，围绕这座教堂的争论不断，最为核心的问题是究竟采用希腊十字集中式布局还是采用象征耶稣受难的传统拉丁十字布局。

1505年，伯拉孟特击败了其他竞争对手，被任命为新教堂的总设计师。他雄心勃勃地希望把这个教堂建造成基督教最伟大的教堂，于是采取了最具纪念性的集中式布局方式，认为集中式平面在数学上的完美性也可以代表上帝的完美。他设计的教堂平面主体是正方形，中间包含了一个大型的四臂等长希腊十字，位于大十字中央的是一个由四个大柱墩支撑的穹顶。四臂顶部则覆盖的是筒形拱，剩下四个角落的小正方形中又各有一个小的希腊十字，中央也覆盖一个小穹顶，是小礼拜堂。平面正方形的四个顶角的位置还安排了四个方形的塔楼。在为纪念大教堂奠基而制造的纪念勋章上我们可以看到伯拉孟特这个方案的外观，其中很多地方，比如中央穹顶的形式，都可以看到他的另一项建筑坦比哀多的影子。

1506年教堂举行了奠基仪式，开始正式动工建造支撑穹顶的大柱墩。教皇尤利乌斯二世亲自埋了大教堂的基石。不过工程进展并不快。1513年，教皇尤利乌斯二世去世了，次年伯拉孟特也去世了，随后这项工程进入了漫长而曲折的建设阶段。

　　伯拉孟特的方案虽然宏大壮丽，但是存在不少使用上的缺陷。比如，举行宗教仪式的时候，哪里可以容纳数量众多的信徒，教皇和神职人员要站在什么位置才能面对所有的教众，等等。新上任的教皇利奥十世的价值观和他的前任教皇完全不同，特别强调宗教意识。他要求教堂能够容纳更多的信徒，必须采用传统的拉丁十字形式。因此，他新任命的工程总建筑师拉斐尔重新设计了一个约有120米长的拉丁十字式方案。但是由于爆发了由马丁·路德领导的宗教改革，大教堂的工程建设受到了影响，拉斐尔还没来得及实施他的方案便于1520年去世了。可是大教堂建设的坎坷磨难并没有结束，1527年西班牙和德国联军攻陷并洗劫了罗马，造成历史上著名的"罗马之劫"，圣彼得大教堂的建设被迫完全中断，一直到1534年才重新开始。

　　此后的几任负责建筑师在集中式和拉丁十字式之间反复修改。作为伯拉孟特弟子的佩鲁齐想要恢复集中式的构图，可惜并未成功。再下一任总建筑师是小安东尼奥·达·桑加罗，他迫于教会的压力，不得不整体维持拉丁十字的形式。不过他尝试将集中式和拉丁十字式结合起来，教堂的西部基本保留了伯拉孟特的方案，而在东部接了一个较小希腊十字来连接东端几乎独立出来的立面。他还精心制作了一个木制模型。不过直到他1546年去世，新教堂也没有太大进展。

　　同一年，受到教皇保罗三世的任命，米开朗基罗接手了圣彼得大教堂的建造。虽然此时他已经72岁高龄，但是他仍然抱着"要使古希腊和古罗马黯然失色"的雄心，将所有的精力都投入了这一伟大项目中，甚至还拒绝要工作报酬。由于他的声望巨大，教皇给了他充分的设计自由。尽管和伯拉孟特是老对手，但米开朗基罗十分推崇早期伯拉孟特的集中式布局方案。不过为了加快工程的进度，他调整了伯拉孟特的设计方案：为了建筑的稳定，加固了所有的外墙，加厚了中央主墙墩，将承担穹顶侧推力的八个副墩和外墙合为一体；简化了原本平面上四个角的小希腊十字部分，取消了四个塔楼；改变了有四个相同外立面的做法，在教堂的东部重新设计了一个九开间的柱廊作为入口标志。

大教堂的穹顶是米开朗基罗最引人注目的成就，设计时就花了很多心血，甚至他还特地到佛罗伦萨研究了伯鲁乃列斯基设计的圣母百花大教堂的穹顶。米开朗基罗设计的穹顶同样采用内外双壳结构。从他留下的穹顶木质模型看，内穹一开始打算采用半球形，但是最终从力学角度为了安全，内外两层还是和佛罗伦萨大教堂穹顶一样，采用了尖拱结构，只是尖拱两段圆弧

▲梵蒂冈圣彼得大教堂的正立面和穹顶　米开朗基罗设计的大穹顶气势恢宏

的圆心非常接近，所以看上去近乎半圆形。穹顶有16条石砌的肋骨，其余部分均用砖砌。

在米开朗基罗不懈地推进下，工程施工速度大为加快，到他1564年去世时，工程已经进展到了鼓座部分。后来接任的工程负责人贾科莫·德拉·波尔塔和多梅尼科·丰塔纳按照米开朗基罗的设计意图于1590年完成了穹顶。最终建成的穹顶直径达到41.9米，与古罗马万神庙和佛罗伦萨大教堂的穹顶非常接近。从采光亭上的十字架顶部算起，穹顶距地面高达137米，几乎是万神庙穹顶高度的3倍，是罗马全城的最高点。一直以来，几任建筑师想要建造一个比古罗马万神庙都要宏大的建筑的目标终于实现了。

不过可惜的是，伯拉孟特和米开朗基罗的集中式理想最终还是未能如愿。16世纪中叶以后，反宗教改革的思潮影响了建筑形制，因此建筑师卡洛·马代尔诺在教皇保罗五世的要求下，拆除了已经建成的米开朗基罗设计的正立面，在前面增加了一段三跨大约60米长的巴西利卡式大厅，以便容纳更多的教众，同时还作为圣坛的前导空间，增加圣坛的神秘感。这使得从教堂修建一开始就存在的希腊十字和拉丁十字的斗争就此尘埃落定。马代尔诺还参考米开朗基罗设计的圣洛伦佐教堂里面的方案，建造了一个高51米的新立面。这个新立面具有巴洛克早期的特点，完全无视教堂内部的空间结构，独立于教堂其他部分。但是马代尔诺对圣彼得大教堂的修改引来了巨大的争议，人们认为这个巨大但尺度失常的门廊和新加的大厅一起破坏了穹顶的魅力。站在教堂大门前，人们再也无法看到魅力穹顶的全貌。

17世纪中叶，著名的巴洛克风格建筑师贝尼尼受教皇亚历山大七世委托在教堂前加建了一个柱廊广场。这个广场由两部分组成，包括一个纵向的梯形广场和一个横向的椭圆形广场。广场地势从教堂门前逐渐向外降低。椭圆形广场长轴直径340米，短轴直径240米，中央矗立着一座高25米的方尖碑，方尖碑的两侧还各有一个大喷泉。广场的两侧是柱廊，由四排总共284根18

米高塔斯干柱式构成，每个最内侧柱子的顶上都竖着一尊历史上著名殉道者的雕像，气势恢宏。梯形广场位于椭圆形广场和大教堂之间。据说利用梯形的透视效果，可以从视觉上"缩小"大教堂巨大的立面。整个广场形似一把钥匙，象征圣彼得所掌管的通往天国的钥匙；又好像一双巨大的手臂，拥抱欢迎全世界前来朝圣的虔诚信徒们。贝尼尼还负责设计了圣彼得教堂内部的装饰，他设计的主祭坛上的青铜华盖和后殿的圣彼得宝座将雕塑与建筑融为一体。

最终建成的圣彼得大教堂是世界上规模最大的天主教教堂，建筑总长约212米，中厅最高46米，可容纳6万人。整个教堂装饰十分豪华，里面充满了许多著名艺术家的作品和宗教圣物。教堂入口处5扇青铜大门最中间的一扇

◀梵蒂冈圣彼得大教堂广场鸟瞰图
广场由巴洛克著名建筑师、雕塑家
贝尼尼设计

由15世纪佛罗伦萨著名的建筑师兼雕塑家菲拉雷特设计建造，上面的浮雕描绘了圣彼得殉难的场景。进入大门后的右侧是圣殇礼拜堂，里面放置着米开朗基罗24岁时的成名作《哀悼基督》雕像。中央巨大的穹顶内部装饰着马赛克镶嵌画，讲述的都是圣经中的人物和故事。大穹顶下方是贝尼尼设计的高29米的青铜华盖，由4根螺旋形圆柱支撑。整个华盖造型华丽又充满向上的动感。据说这个华盖所使用的青铜全都来自罗马万神庙。华盖下方则是宗座祭坛，只有教皇才可以在这座祭坛上做弥撒。祭坛的下方就是圣彼得之墓。教堂圣坛的尽端还有一个贝尼尼设计的圣彼得宝座：中央是用象牙和镀金装饰的宝座，宝座的上方是光芒四射的荣耀龛，和背后的窗户结合在一起，气势恢宏。贝尼尼在17世纪负责了整个教堂的内部装饰，因此圣彼得大教堂内部

▲梵蒂冈圣彼得大教堂广场

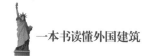

以巴洛克风格为主。可以说，圣彼得大教堂也是一座历史艺术博物馆。

现在，每年都有成千上万的参观者从世界各地来到这里游览、朝圣。不管是不是虔诚的信徒，当人们站在这座教堂门前，都无法否认它的宏伟和华丽。纵然它的背后有着种种的故事，纵然它可能只是为宗教服务的工具，但凝聚了众人智慧的圣彼得大教堂的的确确是世界上最伟大的教堂。

第七章

从神权到君权——巴洛克和古典主义建筑

16世纪下半叶，欧洲建筑在意大利文艺复兴全盛期之后朝着两个不同的方向继续发展。一个是以米开朗基罗为代表的"手法主义"发展而来的巴洛克风格，强调突破古典建筑美学所强调的均衡协调，追求新奇、夸张和动感。巴洛克风格由于呼应天主教的宗教复兴运动，主要流行于教会势力强大的意大利和西班牙等地。另一个则是继承了以帕拉第奥为代表的文艺复兴主流，即崇尚古典美的古典主义。由于这个风格的建筑端庄宏伟，更有利于宣传国王的权势，所以主要集中在以君权为中心的法国。

第一节　贝尼尼与圣安德烈教堂

16世纪下半叶，以米开朗基罗为代表的文艺复兴时期"手法主义"在意大利继续发展，就进入了被后世称为"巴洛克"风格（Baroque）的时期。和哥特式一样，巴洛克这个词原本带有贬义，来自葡萄牙语barroco，意思是一种畸形的、不规则的珍珠。19世纪的时候，法国人用这个词来贬低17—18世纪意大利流行的那种形式不规则而且变化多端的建筑和艺术形式。17世纪意大利最杰出的巴洛克建筑师之一是乔凡尼·洛伦佐·贝尼尼。

1598年，贝尼尼出生于那不勒斯，之后全家迁往罗马。他的父亲是一位佛罗伦萨雕刻家。贝尼尼自幼就跟随父亲学习雕刻，很早就展露天赋并获得教皇的赏识和赞助。他是一位艺术全才，既是建筑家，还是雕塑家、画家、剧作家。曾经有人这样评价他："上演一出大众戏，其中布景是他画的，雕像是他雕的，机械是他发明的，音乐是他谱曲的，喜剧的剧本是他写的，就连剧院也是他建造的。"在建筑方面，除了前面介绍过的圣彼得大教堂内部装饰和大教堂广场外，贝尼尼设计的一个小教堂——罗马奎里纳尔山的圣安德烈教堂，最能反映巴洛克时期的建筑特点。

建于1658—1670年的圣安德烈教堂是贝尼尼设计的一座礼拜堂，位于奎里纳尔宫附近，离贝尼尼的老对手波洛米尼设计的圣卡罗教堂仅隔一个花园。在宗教改革之后，意大利出现了很多较小的中心化教堂或礼拜堂。这些小教堂常常采用新的平面形式——椭圆形。贝尼尼的圣安德烈教堂平面也采用了椭圆形，但不是常见的纵向布置，而是横向布置。也就是说入口设置在椭圆的短边方向，信徒们一进入教堂就能看到对面的圣坛。原本应当最为重要的椭圆形长轴两端也没有设计壁龛等特殊空间，其重要性显然被削弱，而短轴却因为连接入口门廊和圣坛，反而成了空间的主轴线。这种横向的椭圆形空间，在感觉上给人更宽敞，不会带给人纵向空间容易产生的那种压迫感，更为人性化。在这个教堂里，贝尼尼营造的不是文艺复兴时期建筑师们所偏好的静止的集中空间，也不是教会所偏好的强调单向运动的拉丁十字式纵向空间，而是几种力量相互较量最终形成充满紧张平衡的空间。

建筑内部界面由一圈柱廊构成，其中柱子的间隔取决于教堂内部包括圣坛和入口在内周围一圈墙上开的洞口大小。圣坛部分的设计充满了戏剧性，四根柱子支撑一个华丽的门廊，门廊上部的山墙不是传统的三角形，而是一段断裂的圆弧，断裂的部分是一尊站在云端的圣安德烈大理石雕像，它仿佛要通过裂开的山墙升到天堂。室内装饰充满了艳丽的彩色大理石雕刻，绘画和雕刻很好地与建筑结合在一起来强调宗教主题，整个教堂内部金碧辉煌。

圣安德烈教堂的立面设计尤为突出，也同样富有戏剧性。立面非常狭窄，设计上突破了两层的构图，用一对两层高的巨大壁柱支撑上面的额枋和三角形山花。立面的中央是一个高一层的门廊，由两根柱子支撑向外凸出的椭圆形挑檐。挑檐顶部的纹章雕饰向街道倾斜。挑檐后面还有一个半圆形窗洞。整个门廊装饰华丽，光影变化丰富，是立面的视觉中心。立面左右两侧还各有一段向内凹进的弧墙，呈环抱的样子，和凸出的门廊形成一凹一凸的动感节奏。

圣安德烈教堂虽然很小，但是贝尼尼为其大胆设计的曲线、室内丰富的雕刻和绘画与建筑相结合，使建筑呈现出和文艺复兴时期完全不一样的动感和活力，这都是巴洛克风格的特点。

第二节　波洛米尼与四喷泉圣卡罗教堂

如果说贝尼尼是巴洛克艺术全才的话，单论建筑方面，意大利还有一位和他不相上下的天才人物，那就是和他同时期的弗朗切斯科·波洛米尼。比贝尼尼小一岁的他出生于意大利的一个石匠家庭，是最终完成圣彼得大教堂立面的马代尔诺的远亲。和贝尼尼的逍遥随性相比，波洛米尼性格怪异、孤僻，不事权贵也不与人交往。1667年，由于手中的几个重要项目相继被暂停，郁郁不得志的波洛米尼最终悲剧性地以自杀的方式结束了自己的生命。

波洛米尼在他的建筑作品中非常富有创新精神，他偏好使用曲线创造富有生气的空间效果，这点在他的成名作罗马四喷泉圣卡罗教堂上表现得尤为突出。这是他第一个独立完成的作品。这个教堂是受新成立的西班牙圣三一修会委托设计的建筑群中的一座。除了教堂外，还包括修道院、地下室和一个院落等。圣卡罗教堂位于教皇西克斯图斯五世重整罗马城时新开辟的庇亚大道和费利切大道的交叉口，因为这个十字路口每个街角都有一座喷泉，教堂由此而得名。

圣卡罗教堂于1638年奠基开始修建，最终在1641年完工。由于建筑可利用的场地有限，教堂尺寸非常小，甚至可以夸张地说，它和圣彼得大教堂的一个墙墩差不多大，但布局十分巧妙。教堂平面的主体是一个纵向的椭圆形。纵轴的两端各附加一个半椭圆，作为入口和圣坛。椭圆形的横轴两端也各接了一个较扁的半椭圆。这样实际上形成了一个拉长的希腊十字。平面的

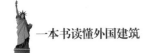

各个部分彼此并没有明确的区分，而是融合成一个有机体。

教堂的室内被一圈连续起伏的柱廊包围。16根柱子是附墙圆柱，每四个为一组支撑着柱上楣。柱子的柱头设计得别具匠心，大多数都采用了科林斯式柱头，但其中有几个将科林斯的涡卷反转过来。长轴和短轴的端头那四个半椭圆形壁龛在柱上楣上形成了四个大拱券。这四个拱券拱肩所形成的帆拱支撑着中央的椭圆大穹顶。穹顶内面装饰着由相互连接在一起的六边形、八边形、十字形等几何形构成的"仿古"藻井。这些图案按透视法越往中心越小，使得穹顶显得比实际更加高耸，具有强烈的立体效果。整个教堂内部没有直线，全是曲线和曲面。装饰线脚众多，并且有大量壁画和雕塑，非常华丽。

教堂沿街的外立面直到1665年才开工，但同样极富张力。西立面分为高度差不多的上下两层，每一层都被四根巨型的科林斯附墙圆柱划分为三个开间。上层的三个开间的墙面都向内凹进，下层两边的两个开间同样向内凹进，但中间的开间向外凸出，形成S曲线，使得整个立面如同波浪般起伏，充满动感，也暗示着教堂内部的布置。分隔两层的檐部跟随着底层的旋律一起波动，在上层的中央开间处形成一个阳台。波洛米尼在这里设计了一个椭圆形的突出小亭，作为上下凹凸面的过渡。这种凹凸关系的反差在底层的入口处再次出现。凸出的门廊上方安排了一个凹进去的壁龛，里面是被小天使们围着的圣卡罗·博罗梅奥雕像。整个教堂的外观同内部一样表现出动态的倾向，使得它在狭窄拥挤的罗马街道中显得格外生气勃勃。上层顶部的中央一个大盾牌打断了上层的檐口。立面还装饰着大量动植物雕刻、栏杆、假窗和奇形怪状的图案。在拐角的另一个沿街立面上，装饰着水池、凹龛、人物雕像等，还在顶部竖了一个方形的塔楼。为了呼应西立面表面的曲线，塔楼的每边也都是向内凹进的曲线。

这座小教堂无论内部空间还是外立面，都采用了在罗马前所未见的非传统形式。它充满了想象力，大胆而新奇，代表了意大利巴洛克建筑的最高水平。那些动感的表面、灵活的形式、复杂的几何形状和空间的流动性，都对此后的建筑产生了深远的影响。

第三节　凡尔赛宫：从沼泽荒地中建起的奢华宫殿

就在意大利形成巴洛克风格的同一时期，一种反其道而行的风格在法国开始出现。法国在中世纪有着宗教色彩浓厚的哥特建筑传统，而正当意大利展开文艺复兴建筑运动之时，法国和英国却处于百年战争之中。15世纪末，法国国王逐渐统一了全国，建立了君主专制制度。此时的法国更偏爱文艺复兴运动晚期以帕拉第奥为代表的强调理性、绝对美与和谐的建筑，因为这一类古典主义的建筑端庄、宏伟而且严谨，更能体现国王的排场，更有利于宣扬君主权势。法国古典主义建筑的集大成者是凡尔赛宫。

凡尔赛宫位于巴黎西南郊外18公里的伊夫林省省会凡尔赛镇，这里曾经被法兰西国王作为宫廷长达107年，历史地位非常重要，同时也是一座艺术宝库。1979年，联合国将其列入世界文化遗产名录。

1624年，国王路易十三最早在这里建立行宫。他用极低的价格买下了附近大片的森林和荒地，用作狩猎。至于建筑，当时只有一座两层的红砖楼房，房间26个，十分简陋。1643年，路易十三去世，年幼的路易十四继位。由于当时巴黎城内政治局势动荡，童年时的路易十四曾多次被迫逃离巴黎，对巴黎没有丝毫的好感。因此，当路易十四于1661年亲政后，为了便于对贵族实施有效管理，他想将王宫从卢浮宫迁往凡尔赛，并在那里修建新的宫殿。

▲凡尔赛宫外观　凡尔赛宫位于巴黎以西18公里，由路易十四建造，以其宏伟庄严、奢华富丽的建筑设计闻名于世

▲凡尔赛宫内镜厅的枝形吊灯

路易十四在参观自己财政大臣维康那宏大无比的维康府邸之后，被它的古典美所震撼。他决定也用这样的风格改造凡尔赛宫，并将它建造成一座空前壮丽的宫殿来彰显他至高无上的王权，威慑那些敢挑战国王权威的势力。1667年，路易十四聘请了之前修建维康府邸的建筑师勒沃、园林师勒诺特开始了这项伟大的工程，最终于1756年才完工。从路易十四一直修到路易十六，总共持续了90多年。在这期间，法国最优秀的建筑师和艺术家纷纷为凡尔赛宫提供服务，最终将其建造成了欧洲最宏伟的宫殿，当初的26个房间也变成了700多个。

凡尔赛宫全宫占地111万平方米，可以分为王宫建筑区和园林区，其中王宫建筑面积为11万平方米，剩下的100万平方米为园林。凡尔赛宫的主体建筑呈U字形，开口朝向东面，在东西方向上有一条中轴线，使整体布局南北对称，非常严谨。中间的正宫是东西走向，南北分别有南宫和北宫。因为是王

▲凡尔赛宫的花园

宫，为了显得端庄和浑厚，建筑的立面非常统一，分为三层：底层用粗面石砌成；中间的主楼层以爱奥尼柱式和拱形窗构成的开间单元重复而成；屋顶设计为平顶，屋顶的栏杆用壶形饰和战利品图样等雕刻装饰。

王宫内部厅室众多，以富丽堂皇著称，其中最具代表性的要数镜厅。镜厅位于战争厅和和平厅中间，占据了19个开间，长73米，宽10.5米，高12.3米。大厅的拱顶上满是彩绘，主要描绘的是路易十四的战功。大厅两侧排列着众多雕像，有8座是罗马皇帝，还有8座是古代众神。除了这些装饰以外，24盏巨大的波西米亚水晶吊灯，泛着光泽的烛台，以及壁柱上的彩色大理石，都无比奢华。之所以称之为镜厅，是因为大厅面对花园一侧开了17扇巨大的窗户，每一扇窗户对应着一面巨大的镜子。

凡尔赛宫的西面便是一望无际的凡尔赛花园。整个园区别具一格，后人称之为法兰西式。从规模上讲，世界上鲜有花园能与之相提并论；从景色上讲，其也是世界上数一数二的。花园的布局非常对称，以宫殿突出的部分为主轴的起点，向西延伸长达3千米。花园被从圆形或椭圆形广场放射出去的道路划分成了规整的几何形，秩序井然，让人感到大自然在这里也不得不服从国王的意志。花园的中心是海神喷泉，主楼的北边是拉冬娜喷泉，南边是桔园和温室，全部景色都是出自匠人之手。水是凡尔赛宫花园的一大特色，园区中央有一条东西长约1600米、南北长约1000米的十字形人工运河，另外还有1400个喷泉。花园里除了花草树木、运河和湖泊外，在中部偏北的地方还有两座离宫——大特里亚农宫和小特里亚农宫。

大特里亚农宫是为了让路易十四从烦琐的宫廷礼仪中解放出来建造的休闲住所。整个宫殿设计十分精致，是一个单层建筑，左右两个部分由中央的柱廊大厅相连。内部装饰一反凡尔赛宫的奢华风气，十分朴素。据说有段时期，拿破仑也喜欢在这里居住。小特里亚农宫是18世纪60年代路易十五为王后修建的，受到当时英国流行的帕拉第奥风格影响，建筑遵守严格的数学比例关系。平面为正方形，立面为两层，5开间，采用科林斯柱式构图，长宽高都成一定的比例。这个宫殿内部设施比较齐全，不但有卧室和化妆间，还有沙龙室和画室。在小特里亚农宫附近，有一座瑞士农庄，是路易十六为王后修建的。这座农庄里面应有尽有，有农民居住的小屋，还有磨坊和羊群，王后有时候会扮作牧人，在里面牧羊，也算是别有一番意趣。身处凡尔赛宫花园的美景之中，人们会觉得轻松和愉悦，难怪那么多法国国王对这里流连忘返。

凡尔赛宫在法国历史上具有重要地位，从1682年路易十四下令将整个宫廷迁至凡尔赛开始，它作为国王居住的地方，在大革命之前是法国的政治和文化中心。虽然后来重要程度有所下降，但是依旧地位显赫。德国皇帝曾经选择在这里加冕；美国和英国选择在这里签署《巴黎和约》；法国和英国、美国在这里同德国签订《凡尔赛协议》，结束了第一次世界大战。如今，法国总统常在这里会见其他国家政要。

今天，凡尔赛宫的很多厅室都被改建为博物馆，珍藏了大量的艺术品，尤其是各类派别的画作。作为旅游胜地，凡尔赛宫每年接待众多游客，接待量仅次于巴黎的埃菲尔铁塔，成为法国名副其实的象征性建筑。

第四节　维尔茨堡宫：美丽至极致的巴洛克宫殿

维尔茨堡是法兰克福和纽伦堡之间的一座千年古城，是德国曾经的政治、宗教和经济中心。742年，这里设立了主教区，后来发展成为商业、手工业城市。12世纪时，神圣罗马帝国皇帝巴巴罗萨大帝曾经五次来这里巡查，不仅在这里制定国策，还在这里举行了盛大的婚礼。鉴于同皇帝关系密切，这里的大主教地位很高，成为当地实际的统领者。在这样的背景下，这些大主教们大兴土木，修建了众多豪华宫殿，维尔茨堡宫便是其中规模最大、最奢华的一座。

维尔茨堡宫位于河谷地带，四周群山环绕，风景秀丽。1719年，顺博恩家族的约翰恩·菲利浦·弗朗茨担任维尔茨堡大公兼主教时，决定在这里修建一座府邸。顺伯恩家族在当地非常有名望，曾经出过很多主教。这个建筑主要由著名的巴尔塔扎·诺伊曼负责，他是德国最伟大的巴洛克建筑专家、宫廷建筑师。诺伊曼为了使这座建筑更具欧洲风情，从维也纳、意大利、荷兰和比利时招来了大批艺术家，负责对建筑进行装潢。宫殿于1720年开始建设，最终在1744年竣工。

维尔茨堡宫包括宫殿、花园和广场三部分。其中宫殿部分长175米，宽90

▲维尔茨堡宫外观

米，平面呈马蹄形。中央主楼为三层，两翼建有环绕庭院布置的两层侧楼，同样宏伟壮观。主楼和侧楼的中央位置都建有突出的八角形和椭圆形大厅，这样的巴洛克风格显得厚实庄重。主楼外有大理石石雕装饰，与整座建筑风格统一。外墙采用黄色砂岩，看上去金碧辉煌。

主教宫是维尔茨堡宫中最宏伟的部分。在主教宫中，楼梯大厅最为有名。楼梯大厅位于主楼入口前厅的边上。大楼梯由底层高高的拱廊支撑，二层的墙壁装饰着扁扁的壁柱，顶部有高高的穹顶。这个长33米、宽18米的穹顶中间没有采取任何支撑措施。这个楼梯大厅之所以有名，很大一部分原因是从这里拾级而上时能看到屋顶上巨大的壁画。这幅壁画有600平方米，是世界上面积最大的穹顶壁画，由意大利绘画大师提埃波罗绘制。壁画名为《行星与大陆的寓言》，其中描绘出太阳神阿波罗正要开始他横穿天空的每日行程。围绕在太阳神周围的众神象征行星，四边的寓言人物象征大陆。在这个大厅里建筑、绘画和雕塑很好地融合在了一起。到了二楼，能见识到维尔茨堡宫中最豪华的厅室——皇帝之厅。整个厅内的装饰是洛可可式的，多用金色，有富丽堂皇的大理石柱子，壁画也都优雅舒心。

维尔茨堡宫的壁画是重要的装饰手段，在主题的选择上，以表现腓特烈·巴巴罗萨大帝为主。这位12世纪神圣罗马帝国的皇帝与维尔茨堡地区关系密切，前面说到他曾经来这里巡查，也曾经在这里举行婚礼，这些事情都被画入壁画中。

在宫殿东侧，有一片宫廷花园。这个宫廷花园的布局没有什么特别之处，有名的是其中的雕塑作品。19世纪，花园东侧建起了一座堡垒式建筑，成为花园中的一道景观。用堡垒装扮花园，这样的设计并不多见，十分有特色。另外，维尔茨堡宫的正方形广场也非常有名，这片被建筑物围起来的广场至今仍保留了当初铺设的石板路面。

维尔茨堡宫并非国王的正宫，只是偶尔下榻，但整个建筑非常华丽。无论宽敞敦厚的楼梯，还是装饰得豪华又舒适的房间，以及布局精致的花园，都让人过目不忘。1804年，正是拿破仑横扫欧洲的时候，他率军攻占了维尔茨堡，曾在这里住了一晚，他称这个宫殿为"欧洲最美的牧师住宅"。

第五节　无忧宫：腓特烈大帝的忘忧之处

无忧宫位于德国波茨坦市北郊，是一座18世纪修建的德国王宫和园林，因为建于一个沙丘上，也被称作"沙丘上的宫殿"。无忧宫是普鲁士国王腓特烈二世仿照法国凡尔赛宫修建的，"无忧"这个名字也是源自法语。之所以取这个名称，是因为腓特烈大帝希望自己能够在此处远离政务，和朋友一起度过快乐无忧的时光。

1745年1月13日，腓特烈大帝下旨在波茨坦市中心东面的一个小山上修建行宫。设计师是德国当时的建筑大师乔治·温彻斯劳斯·冯·克诺贝尔斯多夫。起初，建筑师建议将无忧宫修建成一座雄伟的殿堂，人们在很远处就能看到，但是腓特烈大帝没有同意，他更想要的是一座隐秘的私人住处，不要太高，不要有太多台阶，能够方便地从屋里到达花园，能够轻而易举地接近自然。腓特烈大帝甚至绘制了设计草图交予建筑师，工程开工之后，他也十分关注，亲自监工。仅用两年时间，无忧宫就完工了。

无忧宫建成之后，腓特烈大帝每年的4—10月都会住在这里，除了战争时期之外，这个规律从来没有被打破过。他对无忧宫的珍爱从挑选宾客这一点上也可以看出，并非谁都能进入无忧宫，每一位来这里的宾客都需要经过他的允许。腓特烈大帝专门为夫人准备了一座美丽堡，却在长达40年的时间里

▲无忧宫　"吾到彼处，方能无忧。"无忧宫中有一座中国茶亭，采用的是中国传统的碧绿瓦、金黄柱、伞状盖顶和落地圆柱结构，亭内桌椅完全仿照东方式样制造，据说当年普鲁士国王常在此品茶消遣

不准她进入无忧宫。

　　1840—1842年，腓特烈·威廉四世对无忧宫进行了扩建，两侧的建筑被延伸。今天我们所见的无忧宫布局，大致就是那个时期确定下来的。

　　无忧宫整个建筑群包括宫殿和大花园，占地290公顷。宫殿是位于台地上的一层建筑。正殿中部向前突起，呈半椭圆形，两侧的建筑为长条形。在那些突出外墙的柱子上，雕刻着各种女人的形象。这些女人一只手托住屋檐，身下裙摆飘扬，看上去美感十足。宫殿正中为举行盛大晚宴的椭圆形大厅，里面的装饰富丽堂皇。大厅的穹顶用彩色大理石装饰。大厅的四周有16根用整块大理石制作的科林斯柱子，配有镀金的铜制柱头和柱础。建筑的两翼除了国王套房外，还有客房、音乐沙龙、工作间、画廊和小图书室。这个宫殿里面珍藏的名画多达上百幅，多为文艺复兴时期意大利和荷兰画家的作品。此外，这里常年都有音乐会举行。整个宫殿内部采用了洛可可风格，常常采用卷曲的植物纹饰和镜子装饰，让整个室内显得璀璨夺目，非常华丽。克诺贝尔斯多夫还在无忧宫宫殿的北面修建了一个具有古典气息的半圆形柱廊，柱廊中的柱子成对出现。

无忧宫最让人陶醉的美景是宫殿下面呈阶梯状的葡萄园。这处阶梯状葡萄园是腓特烈大帝主持修建的，在此之前，这里只是一个小山丘，上面长着橡树，后来橡树被砍伐殆尽，用于建筑波茨坦市。腓特烈大帝下令将这里开垦成葡萄园，并修建成梯形的露台。这片山坡被划分为六个部分，修建出六个梯形露台。台阶上种植的葡萄来自葡萄牙、意大利和法国。此外，还在168个玻璃罩里面种上了无花果树。露台最前端铺着草坪，另有紫杉树和灌木用作分割区域。最后，在这片梯形葡萄园中间，开辟出一条台阶大道，共有台阶120个。

在无忧宫山下的平地上，腓特烈大帝还建了一座花园。这座花园是巴洛克风格，花园正中间有一个蓄水池。这座花园以雕塑众多闻名，早在1750年，这里就安放了罗马神话人物的大理石雕像，美神维纳斯、太阳神阿波罗、众神之神朱庇特等。此外，水池的四周还有寓意水、火、风、土四元素的雕塑作品，其中关于风和水的雕塑是当年法国国王路易十五赠送的礼物。

在无忧宫中，有一座亭楼被称作"中国楼"，虽然并不宏伟，但是被装饰得金碧辉煌。这是一座外形有些类似蒙古包的圆形亭子，四周安放着亚洲人形象的人物雕塑，亭楼顶上有出自中国传说中的猴王雕像。这些人物雕像，包括亭楼的外壁都用镀金装饰，十分奢华。腓特烈大帝对各种文化都十分有兴趣，尤其是包括中国在内的东方文化。他没有到过中国，并不知道中国是什么样子，但是尽力将搜集到的和中国有关的东西，如陶瓷、丝绸之类的，都拿到这里来装饰这座中国楼。

无忧宫是18世纪德国建筑的代表作，被称作"德国的凡尔赛宫"，虽然后来两次经历世界大战，但是仍旧保持完好，十分难得。1990年，无忧宫的宫殿和园林被联合国教科文组织列入世界文化遗产名录。

第六节　圣保罗大教堂：英国的"国家教堂"

由于英国在宗教改革中激烈地反对天主教，因此代表天主教复兴的巴洛克风格在英国并没能出现繁荣的局面，但以帕拉第奥为代表的意大利文艺复兴建筑却对英国产生了巨大的影响，因此，在17—18世纪，英国建筑呈现出古典主义的面貌，其中最著名的杰作，就是作为英国国教的中心教堂——圣保罗大教堂。

圣保罗大教堂坐落在伦敦泰晤士河北岸，有世界第二大穹顶，仅次于罗马的圣彼得大教堂。1981年，戴安娜王妃和查尔斯王子便是在这里举行的婚礼。

圣保罗大教堂的所在地很早之前就有教堂，关于这些旧教堂的资料可以追溯到7世纪。从11世纪到17世纪，旧教堂不断遭遇火灾，一直处于重建和修缮之中。1666年9月2日，伦敦城遭受大火，包括旧圣保罗大教堂在内的13000幢建筑被烧毁。著名的建筑大师克里斯托弗·雷恩担负起了大教堂的重建任务，我们今天所见的圣保罗大教堂就是出自他的设计。

雷恩是英国近代建筑史上一位重要的人物，他出生于一个保皇党教堂，父亲和叔父都是神职人员，因此他的很多项目都来自皇家和教会。雷恩早年是一位科学家，对数学和机械感兴趣，甚至被牛顿称为"我们这个时代最伟大的几何学家"。他没有什么海外游历经历，唯一一次离开英国是前往法国巴黎，在那里遇到了贝尼尼。旅途中看到的法国古典主义府邸和宫殿的富丽堂皇给雷恩留下了深刻的印象。

雷恩设计新教堂的压力很大，因为人们对这座新教堂期望很高，希望把它建成世界上最大的新教教堂，能与最大的天主教教堂罗马圣彼得大教堂相提并论。雷恩最初的方案采用了具有集中式特征的希腊十字平面，但是因为不符合教会的使用要求，教会迫使他修改了设计。最终雷恩使用了更具有传统延续性的三跨间拉丁十字平面，总长156米，最宽处65米。中厅和后殿连同侧廊全都采用了一系列穹顶覆盖。整个教堂当中位于十字交叉部的穹顶最大。

圣保罗大教堂的大穹顶直径达34米，是欧洲最有名、最完美的圆顶之一，可以和圣索菲亚大教堂、圣彼得大教堂、佛罗伦萨大教堂的穹顶相提并论，已经成为英国建筑和艺术的标志物。整个穹顶的造型是伯拉孟特坦比哀多的扩大版，最下部的大鼓座由一圈32根柱子的柱廊所包围，大鼓座和穹顶之间还有一层用壁柱装饰的小鼓座。从外观上看，人们已经感叹圣保罗教堂穹顶的雄壮，但其内在的设计原理更为复杂，尤其是承重方面。穹顶内外一共有三层，最内层为砖砌的半球体，正中央开一个圆孔；最外层是用铁皮覆盖木构架，并不能承重；中央一层是砖砌的圆锥体，为了支撑顶部的采光亭。第二次世界大战期间，德军轰炸过圣保罗大教堂附近，不过大教堂的穹顶依旧完好无损，可见设计非常牢固。从内部看，穹顶上绘制有反映保罗主教事迹题材的画作，这些画出自画家多尔西之手，创作于1716—1719年。由于这座教堂矗立在一座小山丘上，算上雄伟的穹顶总高达111米，一度是伦敦最高的建筑。即便是在今天，见惯了高楼大厦的人仍旧会被它的壮观震撼，更不用说几百年前的人们了。圣保罗大教堂的穹顶在欧洲和北美有很多效仿者。

　　大教堂的西立面对称协调，比例拿捏得正好，体现出一种缜密和庄重感。30米高的柱廊装饰让人叹为观止，设计的灵感来自巴黎卢浮宫东立面。柱廊分为两层，上层有6对科林斯圆柱，下层有4对。柱廊的三角形山花上刻有雕塑，题材与当时的主教保罗有关。柱廊两侧按照哥特风格的传统设置了两个高耸入云的钟塔，但它们的造型却是意大利巴洛克式的。在南边一侧的钟塔中，安放着重达16吨的大钟——"大保罗钟"，这也是英国最大的钟。

▲圣保罗大教堂西立面和穹顶

圣保罗大教堂内部的装饰也经历了历史变化。起初很多人走进教堂之后，会觉得里面的装饰太过冷清，摆设太过简陋，这其实是新教教堂的特点之一，是为了满足新教仪式的需要。圣保罗大教堂作为新教教堂自然不能免俗。1860年，伦敦人对这一现状再也看不下去了，他们设立了一个专项基金，专门用来对圣保罗大教堂的内部进行装饰。建筑师和艺术家们在教堂里面布置了工艺精湛的雕像，祭坛用马赛克镶嵌一新，至于其他细节无一不尽善尽美。这些装饰中比较有名的是威灵顿勋爵的骑马雕像，这位在滑铁卢一战中击败拿破仑的将领是英国人心中的英雄。

大教堂南翼处有楼梯，上一层是图书馆，再上一层是著名的"低语回廊"。"低语回廊"的神奇之处在于，你在墙这边小声说话，在30米开外的另一侧墙边能清楚地听到。再上一层是石廊，石廊之上就是大教堂最为有名的穹顶。

在大教堂的地下还有一处小教堂，里面安葬着许多英国历史上的名人，其中比较有名的有海军上将纳尔逊、战胜拿破仑的威灵顿勋爵、风景画家杰内尔、皇家艺术学院首任院长雷诺兹，以及这座大教堂的设计师和建造者克里斯托弗·雷恩。雷恩的墓最有特色，没有墓碑，只在墙上有祭文，祭文中说："你周边的一切，圣保罗大教堂，便是建筑师的墓碑。"

圣保罗大教堂毫无疑问是伦敦的地标建筑，名气不输给伦敦桥、大本钟等其他著名建筑。这里也举行过很多重要的仪式，除了前面提到的戴安娜王妃和查尔斯王子的婚礼之外，英国历史上著名的首相之一、有"铁娘子"之称的撒切尔夫人的葬礼也是在这里举行的。每天到这里参观的游人来自世界各地，络绎不绝。

第八章

自然与理性——新古典主义、浪漫主义和折中主义英国和法国分别于1640年和1789年开始资产阶级革命，伴随着政治变革的还有启蒙运动和工业革命。这是西方文明中最重要的时期之一，封建专制制度被推翻，社会结构发生了根本的变革，民族国家纷纷建立，资产阶级开始占据社会主导地位。由此，西方进入了近代社会。但18世纪末至19世纪，建筑领域却没有出现如社会背景那样的巨大变革，还是采用传统的形式和手法。为了政治的需要，这一时期的建筑热衷于"复兴"各种以往的历史风格，有对古罗马和古希腊等古典建筑的向往而产生的新古典主义，有对中世纪田园生活和哥特建筑的向往而产生的浪漫主义，还有将不同时期风格混搭的折中主义。当然，这些"复兴"并不是对过去的简单模仿，而是结合了当时社会在建筑结构、功能、材料等方面的新观念，为现代建筑的出现做了铺垫。

第一节　巴黎凯旋门：拿破仑给自己的生日礼物

　　凯旋门是古罗马一种用来纪念胜利、炫耀功绩的建筑，一般建在广场中心或者重要的大道上，后来其他欧洲国家纷纷效仿。在欧洲，共有100多座凯旋门，其中最大的一座是法国的巴黎雄狮凯旋门。这座凯旋门是当初拿破仑为庆祝战功建造的，如今已经与埃菲尔铁塔、卢浮宫和巴黎圣母院并称巴黎四大代表建筑。

　　1805年12月2日，拿破仑率领法军在奥斯特里茨战役中打败俄奥联军，使得法国国力大增，一跃成为欧洲第一强国。第二年2月12日，拿破仑宣布在香榭丽舍大道西端的星形广场修建一座纪念性的凯旋门，以后凯旋的战士们将从这座门下经过。

　　凯旋门由著名设计师沙尔格兰设计，并于1806年8月15日破土动工。凯旋门的修建过程并非一帆风顺，拿破仑政权被推翻之后，凯旋门也被迫停工。1830年，波旁王朝覆灭，凯旋门得以复工。在经过了长达30年的工期之后，凯旋门最终于1836年7月29日完工。

　　巴黎凯旋门高49.5米，宽44.8米，比例接近正方形，厚22.2米，相当于宽度的一半。中间的拱门宽14.6米，高36.6米，规模甚至超过了古罗马最高大的君士坦丁凯旋门。从四周看，凯旋门的四面都开了一个拱门，门上饰有雕塑，工艺精湛。门内刻着286个将军的名字，他们当初都曾跟随拿破仑远征。此外，门上还刻有1792—1815年间法国经历的大小战事。

　　在凯旋门的外墙上，有巨幅的战争题材浮雕，浮雕记录的战事也都是发生在

1792—1815年之间。这些浮雕作品中非常有名的有《马赛曲》《胜利》《抵抗》《和平》等，其中尤为有名的是刻在面向香榭丽舍大街一侧的《马赛曲》。这幅浮雕作品也叫"1792年志愿军出发远征"，不过人们更喜欢称它为"马赛曲"。除了这些记录战争的浮雕之外，巴黎凯旋门再没有其他的装饰，甚至没有壁柱。整体造型非常朴素，逻辑简明清晰，但比例完美，显得庄重从容、气势磅礴。

　　19世纪中期，奥斯曼男爵在改造巴黎城时，拓宽了凯旋门周围原有的5条大道，又陆续增建了7条放射性的大道。其中最重要的就是香榭丽舍大道扩建，它是连接卢浮宫和凯旋门的城市主要轴线。这样的城市设计模式后来也被别的城市效仿。如今登上凯旋门，看着下面车水马龙和川流不息的人群，再看看那12条通向远方的林荫大道，会感觉凯旋门已经和它们成为一个整体。

　　1920年11月11日，凯旋门正下方修建了一座无名烈士墓。这座墓是平的，地上镶嵌有红色墓志：这里安息着为国牺牲的法国军人。墓中埋葬的是

▲巴黎凯旋门　凯旋门是巴黎的四大代表建筑之一（埃菲尔铁塔、凯旋门、卢浮宫和巴黎圣母院），也是目前香榭丽舍大街上最大的一座圆拱门

一位无名的战士，他牺牲在第一次世界大战之中，代表了为国牺牲的150万名法国军人。墓前设有一盏长明灯，每天晚上都会被点亮。这座墓自修建好以来，墓前的鲜花便没有中断过。在重要纪念日里，法国总统会来这里为无名烈士献花。

遇到节日的时候，凯旋门上会垂下一面长达10米的巨幅法国国旗，非常壮观。每年7月14日国庆日的时候，阅兵队伍也都从凯旋门出发。

1885年，著名的法国作家雨果去世。人们为了缅怀这位作家，为他举行了隆重的国葬。作为国葬的一部分，他的灵柩在凯旋门下停放了一昼夜。1919年7月14日，"一战"中归来的法国士兵穿越凯旋门，庆祝战争胜利。当初为了彰显国力和炫耀战绩的巴黎凯旋门，在日后成为历史的见证者和参与者。如今它已经成为法国国家的标志，成为法国历史的一部分。

通过门洞两侧墩柱里的电梯，人们可以到达凯旋门的顶层，如果想要步行，也可以自己踏上273级石阶。在巴黎凯旋门上面，还设有一座小型的博物馆，里面展出的是关于凯旋门的历史图片和文献，其中包括拿破仑一生的事迹，以及跟随他出征的上百位将军的名字。此外，还有两间电影放映室，播放一些介绍巴黎历史的资料片。

第二节　巴黎歌剧院：美轮美奂的艺术殿堂

19世纪后半叶，欧洲的建筑师们开始根据自己的喜好从古希腊、古罗马、拜占庭、哥特式甚至东方异国情调等各种历史上出现过的样式中自由挑选，加以变形、模仿、组合，最终拼凑出来的风格被称为"折中主义"。由

▲巴黎歌剧院外观

▼巴黎歌剧院的舞台

于巴黎美术学院的存在，当时的巴黎是折中主义的大本营，而巴黎歌剧院更是折中主义最典型的代表。

巴黎歌剧院又称为"加尼叶歌剧院"，源自它的建筑师查尔斯·加尼叶。这座歌剧院修建于1861年，是当时法国上层人士欣赏歌剧的地方。这座建筑结合了巴洛克、古典主义、洛可可等几种建筑风格，规模宏大，内部装饰奢华，是法兰西第二帝国和拿破仑三世时期的重要纪念物。

巴黎歌剧院的修建源自歌剧的风行。随着17世纪意大利歌剧异军突起，横扫欧洲大陆，各国开始注重本国歌剧的创作和发展，一方面是暗自较劲，一方面是避免被意大利歌剧侵蚀。在这方面法国也不例外，他们从意大利歌剧中汲取精华，并结合本国歌剧，创造出了法国歌剧。随着法国歌剧的成熟，歌剧院的修建成了不可避免的事情。1667年，当时在位的路易十四国王批准修建法国第一座歌剧院。

这座歌剧院于1671年建成，但在1763年的火灾中损毁。1860年，法国决定重建这座歌剧院，在171个设计方案中，查尔斯·加尼叶的方案最终被选中。加尼叶曾经在巴黎美术学院接受过古典建筑的训练，也曾经前往意大利、希腊和土耳其进行旅行学习。巴黎歌剧院中标时，他只有35岁。

虽然加尼叶的这个方案在当时仍有很大争议，但是1861年夏天，剧院还是破土动工了。

剧院的修建可谓是一波三折，地下水导致地基无法稳固的问题、普法战争的问题等都拖慢了工期。在经过了长达14年的修建后，巴黎歌剧院最终于1875年完工。1875年1月5日，《犹太少女》成为歌剧院首部上演的歌剧。

巴黎歌剧院位于巴黎市区内环若干条大道交会的一个菱形地块上，长173米，宽125米，建筑面积达到一万多平方米。建筑的正立面正对着同名的广场和大道。站在剧场的门口，可以直接看到国王的宫殿和卢浮宫。这里有一个宽大的台阶通向底层的门廊，是步行前来观众的入口。剧院的西面是马车入口，东侧还有皇帝的专属入口。剧院整个外观在古典元素的基础上渗透着巴洛克风格。立面采用了古典主义常用的三段式构图，上端有各种垂花浮雕，顶部檐口采用镀金假面装饰，左右对称，左右两端凸出部分有拱形山花的山墙。意大利式的七间连拱形门洞，也与顶层的拱形山花和中层的柱廊、开窗形成了呼应。整个立面层次丰富。华丽的装饰也让歌剧院外观充满了节日的气氛。

进入剧院之后，有一个巨大的休息厅，长54米，宽13米，高18米，观众看歌剧之后可以在这里休息和交谈。休息厅的装饰十分华丽，周边的雕塑、挂灯和绘画作品琳琅满目，就像公主的珠宝盒一样璀璨夺目。柱子上都安有镜子，供女士们在进入楼梯大厅之前最后整理衣着和妆容。

休息厅之后便是那个规模壮观的楼梯大厅。大楼梯开始是一跑，到休息平台后一分为二。这座楼梯各部分都是优美的曲线，为大理石修建，永远散发着光亮。有人说这是因为灯光反射的原因，有人说这是过去贵妇人和小姐们的裙子摩擦的结果，当年这里摩肩接踵的盛况由此可想而知。大楼梯两侧是雕刻精美的古典栏杆和洛可可风格的雕塑，将整个楼梯装饰得华丽无比。上方天花板上绘有壁画，内容取材于著名的歌剧和芭蕾舞场面。

上了楼梯之后，左右两侧是走廊，这些走廊不仅用来通行，同时也是社交场所，人们可以利用中场休息时间出来透透气，在这里交谈。当初加尼叶设计这些走廊的时候，参照的是古堡的走廊，这也使得这些走廊的风格与里面上演的歌剧在内容上产生了一种默契。

这座剧院拥有当时世界上最大的舞台，最多的时候有450名演员同时上台表演。舞台高60米，能放置各种复杂的机械。为了保证观看效果，观众席呈马蹄形，设有2200个座位，上下的包厢有五层。这在当时已经是个非常大的剧院了。整个观众大厅以天鹅绒的红色为主，其间嵌入金色饰面，显得富丽堂皇。

巴黎歌剧院的建筑结构极其复杂，拥有上千道门以及6英里长的地下暗道。最让人不可思议的是，歌剧院的底层居然有一个巨大的蓄水池，深6米。之所以要设置这样一个水池，据说是因为当初在修建歌剧院地基的时候，碰到了地下水的水脉，渗出的地下水将地下室淹没。为了解决这个问题，建筑师先是花了8个月的时间把这些水排出，另外在原有的地下室墙壁和地板外又各加了一层建筑，目的是稳固结构和防水。有了两层结构之后，建筑师开始往里面注水，让水进入墙壁缝隙，保持受力的均衡，从而化解了这场危机。当初修建这样一个水池其实是件迫不得已的事情，没想到后来竟然成了一个特色。

作为法国最有名的歌剧院，巴黎歌剧院拥有法国最好的芭蕾舞团和管弦乐团，历史上多部著名的歌剧在这里上演，众多一流的歌唱家在这里献声。时至今日，这里依旧是展现法国歌剧魅力的最佳舞台，法国人民的性格和气质也尽显其中。

第三节　巴黎圣心大教堂：雪白晶莹的"白教堂"

巴黎圣心大教堂是巴黎另一个重要的折中主义建筑。它矗立在巴黎市北部的蒙马特高地上，从这里可以俯瞰整个巴黎市区。因此，圣心大教堂也是巴黎市除埃菲尔铁塔之外的第二制高点，它的宏伟震撼了所有站在它脚下的人。

1871年，法国社会动荡，著名的巴黎公社保卫战便是发生在这一年。这场保卫战最终以巴黎公社的惨败收场，但是它对人们心灵的震撼一直没有散去。事情过去之后不久，有人提议修建一座教堂，一是纪念那些在公社保卫战中牺牲的同胞，二是希望能够得到耶稣基督的宽恕，并且祈求他的庇护。此时政府也站了出来，要求将这座教堂建成一个公共建筑，并且不能归教会所有，而是归巴黎市政府所有。为了让上帝的庇护覆盖到整个城市，教堂特意选在了巴黎海拔最高的蒙马特高地，政府还在1875年发行公债筹款。1876年，圣心大教堂开始修建。

在修建初期，光是地基工程就耗时3年，地基深达33米。地基工程结束后，人们又花了3年来修建地下的工程。直到1881年，教堂的地上部分才开始

◀巴黎圣心大教堂
巴黎圣心大教堂，又称为"神圣大教堂"，由著名建筑师保罗·阿巴迪设计。教堂建筑风格独特，融合了罗马风和拜占庭式

动工。1884年，圣心教堂的设计者保罗·阿巴迪去世，另外5位设计师接手了他的工作，并对教堂的设计做了部分修改。第一次世界大战的时候，大教堂的修建工作曾经中止，直到1919年10月16日，整个工程才最终完成，此时距离当初破土动工已经过去了44年。

建成后的圣心大教堂宏伟壮观，长85米，宽35米，平面呈拉丁十字。大教堂采用了拜占庭建筑常用的中央一个大穹顶、四角各有一个小穹顶的造型方式。但这些穹顶又不单纯是拜占庭样式的，还参照了古典主义建筑，增加了下面的鼓座和顶部的采光亭。这样穹顶的比例被拉长了，和当时人们习惯的古典主义穹顶有很大差别，看上去具有东方韵味。此外，教堂的正立面还有一个突出的罗马风建筑似的三角形山墙。

此外，这座教堂最显眼之处在于它通体洁白，也因此它也被称为"白教堂"。这座教堂所选用的石材是一种名为"伦敦堡"的白石，据说遇到雨水之后，这种石头会分泌出一种白色物质，所以时间越久，受到越多雨水冲刷，教堂看上去就会越白。

教堂门前有两座台阶，修建的时候借助了山坡的地势，这也使得原本就高高耸立的教堂更加壮观。教堂有三扇拱形门，门顶上有两座石雕像，一座是国王路易九世，一位是圣女贞德。

教堂内部的建筑也是罗马风和拜占庭风格的结合。教堂内部的大穹顶最让人惊叹，这个穹顶高55米，直径16米。圣坛上方有一幅巨大的天顶壁画，画中耶稣矗立在中央，双臂张开，背后有圣光。耶稣头顶处有象征和平的鸽子，再往上是天父像。天父以倒映的形式出现，头戴王冠，只露有头部和肩部。耶稣的臂膀之上有两排天使的立像，右侧有圣母像，左侧为举旗天使像，脚下则是跪拜的主教和卫士们。这些主教和卫士后面站着各种信徒，都在祷告。除了壁画之外，这里还有世界上最高的马赛克拼图画，以及震撼人心的玻璃彩窗。不过现在见到的这些玻璃彩窗是1946年按原样修复过的，原

先的玻璃彩窗已经于1944年毁于战火之中。

圣心大教堂的后面有一座钟楼，呈方形，高84米，建于1914年。这座钟楼里安放着一座重达19吨的巨钟，名为"萨瓦亚赫德"，由萨瓦地区安纳西城的工匠铸成，即便是敲钟的钟锤也有850公斤重。每当这里的钟声敲响，整座巴黎城都能听到。

如今圣心大教堂已经成为巴黎的标志性建筑之一，与埃菲尔铁塔、卢浮宫、巴黎圣母院等一起被看作巴黎的象征。每当风和日丽的日子，各种艺人就会聚集在圣心大教堂前，他们演奏着各种乐器，游人们在这样的音乐声中从这里俯瞰巴黎，一览巴黎的美景。

第四节　巴黎协和广场：断头台与方尖碑

协和广场位于巴黎市中心，塞纳河北岸，香榭丽舍大街东端，占地8.4万平方米，是法国最著名的广场，也是世界上最美丽的广场之一。这座广场修建于路易十五执政期间，不过我们今天看到的是1840年修整之后的。

1748年，为了放置巴黎商界人士捐赠的国王骑像以及向人们展示他至高无上的权威，国王路易十五下令在塞纳河北岸城市建成区外围修建一座广场。经过几轮的设计竞赛，1755年，广场的设计和建设工作最终由昂日·雅克·加布里埃尔负责。他出生于法国重要的建筑师家族，和父亲一样都曾是国王的首席建筑师。加布里埃尔设计的广场长360米，宽210米，四角上有斜切，呈八角形。

在此之前，巴黎一直都有修建皇家城市广场的传统。加布里埃尔没有守旧，而是选择将这座广场设计成一座开放式广场。为了保护从王宫通向香榭丽舍的视线通廊，整个广场仅在北面有两座完全一样的建筑，分别是法国海军总部和克里翁大饭店，它们的设计同样出自加布里埃尔之手。这两个建筑沿着中间通向玛德莱娜教堂的国王大道对称布置，像是给广场划出了界线。为了呼应玛德莱娜教堂，这两个建筑的立面都采用了单柱柱廊的样式，端头设有带山墙的凸出楼阁。国王大道同时也构成了广场的主轴。在广场中央，立着那座路易十五骑马的雕像，可惜在大革命时期被毁，后来改为今天看到的埃及方尖碑。雕像两边原来还有两组喷泉。这两组喷泉寓意法国高超的航海技术，其中北边的喷泉是向河神致敬，南边的喷泉向海神致敬。在三层的喷水池上，安放了6尊美人鱼铜像，水柱从她们抱着的鱼嘴里喷出，趣味盎然。广场的南侧就是塞纳河，在这里可以欣赏到四周的美景，更深切地感受巴黎的韵味。这座广场修建的工期长达20年，直到1775年才完工。

这座广场建成后最初命名为"路易十五广场"，结果在不久之后这里成为人们摧毁王权的舞台。在1789年大革命时期，痛恨王权的人们将广场中央的路易十五骑马雕像毁掉，立起了断头台。广场的名字也随之被改为"革命广场"。

那是一段血腥的岁月，1792—1794年间，国王路易十六、王后玛丽·安托瓦耐特，以及上千名皇室成员和保皇派在这里被送上断头台，结束了性命。更具有戏剧性的是，把国王送上断头台的雅各宾派首脑罗伯斯庇尔，也在1794年被送上了广场的断头台。这座广场变成了历史的舞台，那段时间，这里每天都在上演活生生的历史。

1795年，人们为了纪念动乱结束，祈求和平安定，将革命广场改名为"协和广场"，这个名字一直使用到今天。

路易·菲利普当政期间，授命建筑设计师希托夫修整这座广场。希托夫不负众望，在遵循当初加布里埃尔设计的基础上大胆发挥，成就了我们今天所见的协和广场。

希托夫在广场四周加上了栏杆，使得广场的界线更分明。广场本身呈八

角形，希托夫便在四周放上了八尊雕塑，分别象征着当时法国最大的八座城市：西北边是鲁昂、布雷斯特，东北边是里尔、斯特拉斯堡，西南边是波尔多、南特，东南边是马赛、里昂。雕塑家库斯图曾为路易十四国王雕刻了一尊骏马雕像，起初它被安放在马利乐华的离宫花园中，希托夫将这座雕像移到了协和广场上，让更多人欣赏。不过今天我们在协和广场上看到的这尊雕像是仿制品，真品藏在卢浮宫里。

一些装饰华丽的纪念碑也被安放在广场上，尤其是上面的船首图案，那是巴黎的象征。广场中央矗立着的那个埃及方尖碑，高23米，重230吨，用一整块玫瑰色的花岗岩雕刻而成，上面刻满了赞美法老的古埃及文字，有3400多年的历史。这座方尖碑最初矗立在埃及底比斯神庙的大门一侧，另一侧矗立着另外一块一模一样的方尖碑。1831年，埃及总督穆罕默德·阿里将其中的一块方尖碑赠送给了法国。经过千辛万苦的转运，用了几年时间，这块方尖碑才从埃及运到了法国，并最终安放在了协和广场上。

如今的协和广场上已经没有了当初的血腥和恐怖，更多的是和平和舒适。协和广场就是巴黎的橱窗，站在广场中央，除了可以体会到这座广场的魅力之外，还可以看到香榭丽舍大道，看到凯旋门，看到国民议会大厦，看到杜乐丽花园和卢浮宫，以及著名的玛德莱娜教堂，当年拿破仑便想在这座教堂举行婚礼，只是最后未能成行。

第五节　英国国会大厦：哥特式复兴建筑的代表作之一

英国国会大厦即威斯敏斯特宫，是英国国会上议院和下议院所在地。

这座全球最大的哥特式复兴式建筑坐落在泰晤士河西岸，以其悠久的历史、重要的地位、精湛的建筑工艺，于1987年被联合国教科文组织列为世界文化遗产。

1045—1050年，英国国王爱德华一世修建了威斯敏斯特宫。在中世纪，威斯敏斯特宫因为特殊的地理位置，成为战略要地。1295年，英国国会在这里举行了第一次正式会议。1530年，英国国会在这里设立法庭。1800年前后，威斯敏斯特宫进行了一次大修，但1834年10月的一场大火让这座建筑损毁严重。于是重建这座具有国家意义的议会大厦成了当时最重要的建筑项目。

皇家委员会举办了新国会大厦的设计竞赛，其中附加了一个规定，就是新建筑必须是"哥特式的或伊丽莎白式的"，因为这两种是代表"不列颠"的建筑风格。1835年，皇家委员会选中了查尔斯·巴里的方案。虽然查尔斯·巴里本人的特长是古典建筑，但是他聘请了有着丰富哥特风格教堂建筑与装饰知识的奥古斯都·普金作为他的助手。1858年，重建工程完工，查尔斯·巴里因为特殊贡献被授予骑士勋章。新国会大厦最终采用的是亨利五世时期的垂直哥特式。不仅因为亨利五世曾经一度征服法国，还因为垂直哥特式不是来自法国或其他国家，而是英国人独创的，所以这种风格最适合象征不列颠民族。

从外面看，大厦共有四层，顶层上有很多小型塔楼，如同王冠。西南广场的维多利亚塔高102米，是威斯敏斯特宫的御用入口，如今已经成为国会档案馆，每当国会开会的时候，塔上会升起英国国旗。宫殿东北角是著名的钟塔，钟塔里面有5座时钟，最著名的一座被人们称为大本钟，重量超过13吨，每小时敲响一次。大厦的外表经过了一番精心装饰，尖拱窗优雅大气，浮雕繁复精致。此外，威斯敏斯特宫还设计有大小不一的花园和草坪，有的对外开放，有的不对外开放。

▲威斯敏斯特宫　威斯敏斯特宫位于英国伦敦的中心威斯敏斯特市，是一座绵长宏伟的建筑

　　从内部来看，威斯敏斯特宫整体由11个院落组成，有超过1100个独立房间，100座楼梯，光是走廊的长度就有约5千米。大厦也体现出了查尔斯·巴里擅长的古典主义特点，平面布置呈现一定的对称性和规则性。一层是办公室、雅座间和餐厅；二层为议会厅、议会休息室、图书厅等；三层和四层是委员房间和办公室，这些房间都尽量对称布置。

　　上议院厅位于威斯敏斯特宫南侧，长24.4米，宽13.7米，内部装修豪华。天花板上覆盖着花草和动物浮雕，墙上有水彩壁画，墙龛中摆放着18尊青铜的勋爵雕像，当年正是这18位勋爵逼迫英王签署了《英国自由大宪章》。上议院厅的南端是专供国王使用的御座，御座旁是王室成员的座位，不过国王一般只会在议会开幕式上出席。御座前面是上议院议长的席位。议长右侧的座位是神职席位，左侧是世俗席位。大主教和主教等神职人员在神职席入座，世俗贵族根据党派就座，其中执政党坐在靠近神职人员一侧，反对党在世俗席位就坐，而担任中立议员的无党派人士则在议长席对面入座。

　　下议院厅位于威斯敏斯特宫北端，长20.7米，宽14米，是二战后重修的。下议院厅要比上议院厅简朴很多。议长席位前面是记录文员的办公席，执政

党和反对党分坐议长两侧，右侧是执政党，左侧是反对党，没有中间席位。左右两侧之间有两条红线，在辩论的时候，双方议员不得超越这条红线。两条红线相距2.5米，正好是两把剑的距离，据说此举是为了避免双方发生肢体冲突。按规定，国王不得进入下议院厅，历史上上次发生这样的事情还要追溯到1642年，查理一世闯进该厅，以叛国罪搜捕五位议员。

威斯敏斯特厅始建于1097年，是威斯敏斯特宫里历史最悠久的部分，同时也是当时欧洲面积最大的厅室。1245年，亨利三世开始修整这间厅室，这个工程一直持续了一个多世纪。修整后的大厅长73.2米，宽20.7米，墙面壁龛中安放了15座真人大小的国王雕像。这座大厅最主要的用途体现在司法方面，当初最重要的法庭——王座法庭、民诉法庭、大法官法院都设在这里。后来这三个法院合并为最高法院，并最终在1882年从这里迁出。此外，12—19世纪的王室加冕礼都选在这里举行，国葬前追悼会的遗体也会在这里陈列。

除了上面提到的这些厅室之外，更衣室、王子厅、八角中央厅、贵族厅、议员堂、图书馆等，都是非常有特色的厅室。同时，宫内珍藏了大量艺术品，壁画、油画、雕塑，琳琅满目，被人们誉为"幕后艺术博物馆"。

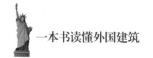

第六节　白金汉宫：英国盛衰的见证者

　　白金汉宫建于1703年，名字源自它的修建者白金汉公爵。这座坐落在伦敦詹姆士公园西侧的建筑起初并非是皇宫，1761年，英王乔治三世把这里买了下来，作为王后居住的地方，当时称为"女王宫"。直到1825年，英王乔治四世经过一番重建和整修，才将这里作为王宫。从1837年起，历代英国国王都住在这里，包括著名的维多利亚女王。

　　维多利亚女王是英国国王中的一个传奇人物，她在位64年，这期间英国逐渐强盛。维多利亚女王在白金汉宫投入了巨大的精力和物力，不断修缮，最终将白金汉宫打造成了英国皇室和国家的象征。在白金汉宫前面的圆形广场上，竖立着一座纪念碑，便是维多利亚女王的纪念碑，上面有女王的镀金雕像，人们以此纪念这位伟大的国王。

　　白金汉宫外表呈灰色，共有四层，形体方正。在白金汉宫的正门上，悬挂着英国王室的徽章，表明这里神圣的地位。宫外是圆形广场，宫内厅室众多，有600余间，包括典礼厅、宴会厅、音乐厅等。

　　进入宫内，西边的房间是正房，其中包括1850年专门为维多利亚女王修建的"皇室舞厅"，舞厅上方悬挂的水晶吊灯以体积庞大闻名。御座厅内，四周墙壁顶端装饰有战争壁画，题材取自15世纪著名的玫瑰战争。当年维多利亚女王和乔治四世加冕时的御座至今保存完好，伊丽莎白二世加冕时的御座也在这间房间里。蓝色客厅是白金汉宫内非常有名的客厅，以装饰典雅著称，其中有一件家具格外显眼，那就是当年拿破仑指挥作战的桌子。拿破仑被俘后，这张桌子被法国国王路易十八送给了当时的英国国王乔治四世。除了蓝色客厅之外，宫内还有白色客厅，内部装饰以白色和金色为主，无论家具、地毯还是装饰品，全都出自大师之手，既是生活用品，又是艺术品。宫内的音乐室更是豪华，圆形屋顶上装饰有象牙和黄金，当年维多利亚女王常常在这里举办音乐晚会。除了这些厅室，白金汉宫里还有画廊，并有自己的御花园。

白金汉宫在英国历史上的地位不可估量，很多相关的文化一直传承至今，比如要想知道女王有没有在宫里，只需要看一下白金汉宫上方的旗子便知。当女王在宫里的时候，旗子会升上去；当女王不在宫里的时候，旗子会降下来。此外，女王还会在这里接见首相和大臣，接待和宴请国外来的政要

▲白金汉宫　英国女王的居住地，19世纪前期的豪华式建筑风格，庞大的规模甚至比华丽的外表更加引人注目

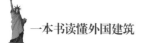

和客人，并安排他们在这里下榻。皇家卫队日夜守护在宫外，保证皇室和客人的安全。

英国建筑有自己的特色，当巴洛克式和洛可可式建筑在欧洲大陆风靡的时候，英国人仍坚守着自己的都铎式建筑。这种建筑兼具了宫殿和城堡的双重作用，因此得到英国人喜爱。当然，英国人并非一味守旧，白金汉宫便是新古典主义风格的代表作，如今已经成为英国王室和国家的象征。

第七节　勃兰登堡门：德意志第一门

勃兰登堡门位于德国首都柏林市中心菩提树大街和六月十七日大街的交汇处，是一座新古典主义风格的建筑，如今已经成为柏林乃至德国的标志。

18世纪，德国尚未统一，普鲁士国王弗里德里希·威廉一世为了炫耀普鲁士的强大，为首都柏林修建城墙和城门，其中于1753年建好的西边城门，因为通往皇帝家乡勃兰登堡，被称为"勃兰登堡门"。当时的勃兰登堡门非常简陋，只是用巨石简单搭建而成。弗里德里希·威廉一世的儿子腓特烈二世在位期间，大肆扩张领土，并赢得了"七年战争"，被人们称为"腓特烈大帝"。他的侄子兼继承人弗里德里希·威廉二世为了纪念腓特烈大帝，以及让柏林成为德国的文化中心，于1788年下令重新建造勃兰登堡门。1791年，勃兰登堡门修建完工，也就是今天我们所见的模样。

勃兰登堡门由普鲁士建筑师朗汉斯设计的。这座新古典主义风格的大门参照了雅典卫城的山门，同样是一组U字形的三面围合建筑，主要材料为砂岩。其中中部是柱廊式的大门，高26米，宽65.5米，深11米，前后各有6根多立克式柱子。这些柱子高15米，底部直径1.75米。不过和传统的古希腊多立克柱式相比，这些柱子多了柱础。对应的柱子之间有墙连接，6对柱子分隔出了5个开间，中间一间的大门最宽，过去是王室成员专用的通道。在这些墙上，有各种神话人物的浮雕，有的来自罗马神话，也有的是一些行业的庇护神。为了突出大门的高大厚重，柱子上方采用的是罗马凯旋门式的山墙构成的平顶，而不是希腊神庙的三角形山花。矗立在勃兰登堡门顶上的是一尊高达5米的铜制胜利女神像。它是勃兰登堡门建成两年之后，为了让大门看上去更加雄伟壮观，才被安装在了门顶上。制作者为雕塑家沙多夫。女神张开翅膀，驾驶着一辆战车，车前有四匹战马驱动。女神右手拿着权杖，上面装饰着橡树花环，花环内部有一个铁十字勋章，花环顶上站着一只展翅的老鹰，老鹰头戴普鲁士王冠。女神像面向东方，注视着柏林城内，寓意着得胜归来。大门两侧各连接着一个山墙面向前的小建筑，虽然它们形式类似神庙，但体量远比中央的大门小，只起陪衬作用。

勃兰登堡门对于德国人来说有着非凡的历史意义，这座门见证了这个国家太多的历史时刻，所以人们也称勃兰登堡门是"德意志第一门"。

1797年，普鲁士被拿破仑率领的法军打败；1806年，在位的弗里德里希·威廉三世再次对法国宣战，但在接下来的几场战役中几乎全军覆没。当时拿破仑刚刚加冕，士气正盛，他率领法军通过勃兰登堡门进入柏林，占领了普鲁士。拿破仑命人将勃兰登堡门上的胜利女神像拆下运回巴黎。1814年，普鲁士再次参与对法国的作战，并攻进巴黎，迫使拿破仑投降，胜利女神像也被重新带回了柏林。女神手中花环内的铁十字勋章就是这个时候加上去的。

1860年，柏林城的城墙被拆除，勃兰登堡门因为有重要的历史意义而被保留，成为唯一被保留的柏林城门。1933年，希特勒上台执政，纳粹军队曾经从勃兰登堡门下经过，以此来庆祝。第二次世界大战进入末尾的时候，柏

▲夜色中的勃兰登堡门　勃兰登堡门参考了希腊雅典卫城的柱廊建筑风格，与雅典卫城和巴黎凯旋门等古典主义建筑神似

▼勃兰登堡门上的胜利女神像

林被损毁严重，勃兰登堡门也没能逃过一劫。因为遭受炮击，胜利女神像只剩下一匹马，如今我们所见的女神像是后来重新铸造的。

冷战时期，因为柏林墙的修建，柏林被分为东柏林和西柏林，勃兰登堡门正好地处隔离区，大门无法通行。当时西柏林市长就曾说："只要勃兰登堡门还关着，德国统一问题就没有解决。"这座大门同德国人民一起，见证了半个世纪的分裂。1989年11月9日，柏林墙倒塌，同年12月22日，东德和西德的总理穿越勃兰登堡门握手，大门重新恢复通行。

如今勃兰登堡门已经成为人们了解柏林不可遗漏的一站，站在勃兰登堡门处，向东看是纪念当初普鲁士军队占领巴黎而命名的巴黎广场；向西看是纪念1848年德国三月革命的三月十八日广场；一边的菩提树大街是全欧洲最繁华的大街之一，而另一边的六月十七日大街则通往柏林胜利纪念柱并穿越柏林市内最大的公园。

第八节　伊萨基辅大教堂：俄罗斯新古典主义建筑精华

伊萨基辅大教堂，又名圣伊萨克大教堂，坐落于俄罗斯圣彼得堡市涅瓦河左岸。巨大的标志性圆顶矗立在市中心，格外醒目。这座教堂与梵蒂冈的圣彼得大教堂、伦敦的圣保罗大教堂和佛罗伦萨的圣母百花大教堂齐名，并称为世界四大教堂。

伊萨基辅大教堂的历史可以追溯到18世纪初，最早的时候，它只是一个搭在海军大厦附近的临时乡村教堂。1717年，人们决定对它进行改建，便在彼得一世纪念像附近建起了一座大教堂，并将其命名为伊萨基辅大教堂。可

惜这个建筑基础工程不过关，到了18世纪中期就被废弃了。之后，有人提议重新建造这座大教堂，并将其迁址到新建成的城市广场中心。建造这座大教堂的方案被通过之后，又戏剧性地一再改动，建筑师也换了好几位，最终于1768年破土动工。因为动工之后方案又一再被改动，所以建成的教堂有些不伦不类，毫无美观可言，不能让当时新登基的沙皇亚历山大一世满意。

1810年，沙皇下令重新征集大教堂的设计方案，最终移居俄国的年轻法国建筑师奥古斯特·里卡尔·德·蒙费朗的设计中标。他为这座教堂做了多个设计方案。虽然新教堂1818年6月26日就举行了奠基仪式，但是直到1825年最终的新古典主义风格方案才获得沙皇的批准。

建造新的伊萨基辅大教堂耗费了巨大的人力物力，最终用了40年的时间，到1858年才建成。光是拆除旧的教堂和为新教堂打地基，就用掉了将近

▲伊萨基辅大教堂外观

10年的时间，因为当地的地基过于松软，人们在下面打下了24000根木桩。为了满足修建教堂对石材的需求，人们从远处的维堡山开采石料，通过水路运到彼得堡，再在彼得堡进行加工，然后才运到大教堂工地上去，一路上颇费周折。

建成后的大教堂规模宏大，长111.3米，宽97.6米，高101.5米。平面近似希腊十字，不过在纵向还是有一定拉长。中央有一个近似圆形的大厅，被穹顶覆盖。这个穹顶外直径25.8米，内直径21.8米，位于巨大鼓座之上，是世界上最大的穹顶之一。穹顶采用了当时技术上最先进的三重壳体和桁架体系，结构全都是铸铁的。穹顶的外形类似伯拉孟特设计的坦比哀多，穹顶的外层全为镀金，上面还有肋条装饰，架在由科林斯柱廊和栏杆环绕的两层圆堂上。这些科林斯柱子柱身都由整块红色花岗石制作。由于穹顶的镀金采用了特殊技术，在建成160多年以后的今天，看上去仍旧金光闪闪。在教堂的四个角上，各竖着一个带有小穹顶的钟楼，与中央的穹顶组成了五个穹顶的造型，成为伊萨基辅大教堂的标志性部分。

大教堂的外部，四个立面都突出得类似古典神庙的山花柱廊。整个教堂外部共有112根科林斯圆柱，其中四面的48根廊柱直径达2米，高17米，每一根重114吨，是世界上所有教堂建筑中规模最大的廊柱。外部还有大量的雕塑装饰，其中四个方向的门廊上的三角楣饰，巨门上的浮雕，以及教堂顶端的圣徒和天使雕像等，都比较有名。这些雕塑作品表现的主题一般与耶稣和福音全书上的故事有关。据统计，整个教堂的雕塑作品，包括雕塑和浮雕，多达350处，其中很多出自雕塑家伊万·维塔利之手。这些雕塑明显地带有19世纪俄罗斯建筑中的古典主义特征。

教堂内部能容纳1.4万人，规模在全世界来看也是数一数二的。教堂内部的装饰使用了很多名贵彩色石料，如天青石、孔雀石、斑岩等，用在柱础、圣像屏栏和拱顶饰面等处，工艺十分精湛，显得格外奢华。内部有三扇大

门，是用橡木制成的，每一扇重达20吨。主祭坛圣像壁上共有65幅圣像，每一幅圣像边上有大理石制作的相框装饰。地面上铺着浅灰色的大理石方砖，形似棋盘。地面中央是玫瑰花环图案，用红色大理石铺成。在教堂的墙壁上，处处可见壁画和马赛克装饰，多达上百幅。这些画中最有名的当属圆屋顶上的巨大壁画，画名为"圣母在圣徒的陪伴下"，面积达800平方米，主要作者为俄罗斯著名画家卡尔·布留洛夫。

第二次世界大战期间，为了免遭损毁，伊萨基辅大教堂曾经将标志性的屋顶做了伪装。但即便如此，大教堂还是损毁严重。战争结束后，大教堂进行了多次修缮，如今已经重新变得光彩夺目。现在的伊萨基辅大教堂已经不再具有宗教功用，被改建成为一座艺术博物馆。人们可以通过铁梯，到达教堂顶端的平台，向四周眺望，欣赏圣彼得堡的美景。

第九节　白宫：曾被焚烧的总统府

白宫坐落在美国首都华盛顿特区中心的宾夕法尼亚大街，是一座三层的白色建筑物，这里是美国总统的官邸和办公室，因而成为美国政府的象征。起初这里并不叫白宫，而是总统大厦。1812年英美战争期间，英军烧毁了总统大厦，1818年这座建筑得到修复，时任总统门罗下令在建筑物外涂上白漆，掩盖当初被烧毁的痕迹，从那之后这座建筑物便被称作白宫。1902年，西奥多·罗斯福总统正式将其命名为白宫。

1790年，美国议会决定在波托马克河边一块10平方英里的地区建造新的联邦首都，并为了纪念国家的首任总统，将其命名为华盛顿。新首都的规划由一位法国建筑师皮埃尔·朗方设计。《独立宣言》的起草者之一、美国历史上第三任总统托马斯·杰斐逊也参与了这项规划。托马斯·杰斐逊不仅是一名杰出的政治家，还是一位卓有建树的建筑师，是美国新古典主义建筑的关键人物。在华盛顿规划中，有东西、南北两条轴线，连接了首都最重要的公共建筑。总统府就位于南北这条短一点的轴线的北段。

　　杰斐逊在1792年发起了国会大厦和总统府的设计竞赛。在总统府的竞赛中，由于华盛顿是个节俭、务实的人，他要求总统的官邸不能太豪华，三层就够了，并提出了三点设计要求：宽敞、坚固、典雅。据说杰斐逊也匿名提交了方案。最终从各种方案中脱颖而出获胜的是美籍爱尔兰裔设计师詹姆斯·霍本。他的设计以英国建筑师詹姆斯·吉布斯《建筑学》一书中一座爱尔兰帕拉第奥风格的乡间别墅为样板，同时参照了其他欧式风格。

　　霍本本人亲自担任施工建筑师，从各地运来材料，其中最主要的石灰岩来自弗吉尼亚州。建筑完工的时候，华盛顿已经离任，所以最早住进白宫的人是第二任总统约翰·亚当斯。1801年，第三任总统杰斐逊下令白宫对民众

▼美国白宫外观

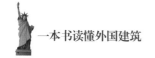

开放。

白宫共占地7.3平方米，主体建筑由主楼和东西两翼组成。主楼宽51.51米，深25.75米，共三层，分别是：底层、一层和二层。

底层设有外交接待大厅、图书室、地图室、瓷器室、金银器室、白宫管理人员办公室等。外交接待大厅呈椭圆形，铺有蓝色地毯，上面有象征美国50个州的标志，墙上挂着描绘美国风景的油画，这里是总统接待外国元首和大使的地方；图书室约有60平方米，藏书3000余册，里面的家具都是古典风格的，这里除了图书之外，还保存了历届总统的资料；地图室里面悬挂着富兰克林的画像，如今是一间接待室，二战时期罗斯福总统曾在这间屋子里研究战事；金银器室里面收藏了各种精致的餐具，以英式和法式居多，有银制的，也有镶金的，瓷器室内还有来自中国的瓷器。

白宫一层又被称为国家楼层，共有五个房间，从西向东依次是：国宴室、红室、蓝室、绿室和东室。国宴室是招待贵宾，举办宴会的地方，最多可容纳140人，墙上挂着林肯总统的画像，壁炉上方刻着当年亚当斯总统写给夫人的话："我祈祷上苍赐福于这幢房子和今后居住在这里的所有的人，愿惟诚实和智慧的人在此屋顶下永远统治。"红室内部装饰以红色为主，是第一夫人们接待客人的房间，也用来举办小型的宴会。蓝室内部装饰以蓝色为主，显得非常气派，总统夫妇经常在这里接待外宾，其中就包括当年第一位访美的中国使节；另外这里还是白宫每年安放圣诞树的地方。绿室的墙壁上有绿色丝绸装饰，杰斐逊总统在这里进餐，门罗总统在这里玩牌，现在被当作接待室。东室是白宫最大的房间，可容纳300人，一般用来举行大型的招待会和庆典活动。另外，这里还停放过7位总统的遗体，举办过多场总统子女的婚礼。

白宫二层是总统的住所，总统及其子女都住在这里。二层的主要房间有林肯卧室、皇后卧室、条约厅、总统夫人起居室、黄色椭圆形厅等。林肯卧室的名字源自林肯总统，当年他便是在这里办公和召开内阁会议，著名的《解放黑人奴隶宣言》也是在这里签署的。皇后卧室在历史上曾经接待过伊丽莎白女王、荷兰女王等贵宾。

　　白宫的东翼和西翼都是后来扩建的，西翼完工于1902年，由西奥多·罗斯福总统主持；东翼完工于1941年，由富兰克林·罗斯福总统主持。西翼中最出名的房间要数总统的椭圆形办公室了，这里是美国总统处理国家大事的地方，房间宽敞、明亮，地上铺着蓝色地毯，地毯中央有象征美国的老鹰图案，墙上挂着华盛顿画像，另有各国赠送的礼物。

　　白宫南侧有著名的南草坪，这里是白宫的后院，也称总统花园。这里草坪、灌木、水池、喷泉齐全，还设有总统的直升机停机坪。每当国外政要前来访问时，都会在这里举行欢迎仪式，因此这里也成为最为人们熟悉的白宫场所。

　　白宫是目前世界上唯一向公众开放的国家元首官邸，不过开放是定期的，同时并非所有空间都开放。现在可供游人参观的地方主要有底层的外宾接待室、瓷器室、金银器室和图书室，一楼的宴会室、红室、蓝室、绿室和东室。人们可以进入这些地方，近距离感受美国总统的生活。

第九章

钢铁、玻璃与混凝土——走向新建筑

18世纪末的工业革命为19世纪的建筑行业带来了新的材料和新的技术。钢铁、玻璃以及随后出现的钢筋混凝土和电梯使得建筑发生了根本性的变化。1851年英国伦敦为第一次世界博览会建造的水晶宫是一个里程碑式的建筑，标志着建筑也可以像工业品一样标准化、批量化生产。建筑设计也不再被传统的建筑师所垄断，工程师也加入进来，甚至有的时候可以比建筑师做得更好。设计埃菲尔铁塔和自由女神像内部结构的就是当时非常有名的工程师埃菲尔。为了现代工业社会的需要，很多新的建筑类型发展起来，比如桥梁以及办公用的摩天大楼。新材料也让一些前所未有的富有想象力的建筑形式得以实现。总之，西方建筑在短短几十年内发生了翻天覆地的变化，新的建筑时代出现了。

第一节 伦敦水晶宫：速度和空间的奇迹

自1781年英国人瓦特发明了蒸汽机以来，英国就成为最早进行工业革命的国家。到了19世纪中叶，英国生产的工业品占到了世界总产量的一半，是世界第一强国。为了彰显国威，1850年，英国维多利亚女王在其丈夫阿尔伯特亲王的倡议下，决定次年在伦敦市中心的海德公园举办第一届世界博览会，专门展示工业革命的成就。博览会的展馆进行了招标，由于建造工期紧迫，空间要求广阔而明亮，收到的245个方案都不能满足这些要求。最终，筹备博览会的皇家委员会不得不采纳了由园艺师约瑟夫·帕克斯顿提出的一个全部用新材料铁和玻璃搭建的设计方案。

其实铁严格上来说并不是一种全新的材料。人们很早就会用铁制造生产工具和兵器，只是传统的炼铁方法一直产量低成本高，无法运用在建筑上。玻璃也不是什么新鲜玩意，哥特教堂的窗户采用的就是彩色玻璃。但是铁和玻璃一直以来都只是建筑的辅助材料，只是少量运用在建筑的局部。从远古开始到19世纪，人们建造房屋的主要材料一直是木材和石头，现在这个惯例被打破了。工业革命时期，人们发明了新的炼铁方法，铁的产量大幅提高。1827年玻璃压印机的出现，也使得大规模生产玻璃成为可能。建筑上，终于可以大量使用这两种材料了。但是随之而来的问题是，用这两种材料建造的房子应该是什么样子的呢？帕克斯顿的方案向人们说明了新建筑的可能性。

这座建筑实际上是一个放大的玻璃温室，外观为一个三层阶梯状的长方体，长1851英尺（约564米），象征举办博览会的这个值得纪念的年份，宽

456英尺（约139米）。建筑平面类似教堂的格局，纵向为5跨，中间一跨最高，两边层层降低，最终建筑的总面积达到了74000平方米，维多利亚女王在这里参加开幕式后，曾发出这样的感慨："房子内部那么大，站着成千上万的人，……太阳从顶上照进来。……地方太大，以致我们不大听得见风琴的演奏声。"

如此庞大的建筑，结构实际上非常灵巧简便。3300根纤细的铁柱和2300根铸铁桁架梁通过网格模数的方式组成了框架结构，支撑着9.3万平方米的玻璃墙壁。正是因为采用了如此大量的玻璃，建筑整体通透晶莹，所以被称为"水晶宫"。几乎所有的构件都可以在工厂中批量生产，然后运到施工现场

▲伦敦水晶宫内部　这幅绘画描绘了1851年5月1日维多利亚女王在水晶宫内出席第一届世界博览会开幕式时的场景

有序组装。这样不仅方便日后拆卸，而且成本低廉，建造速度快。最终这个偌大的展馆仅用了不到9个月就全部完成了。

如果拿传统的砖石建筑来比较，前面介绍过的伦敦圣保罗大教堂，其中厅的高度、跨度虽然比水晶宫的要更高更宽，但是圣保罗教堂的墙体厚达4.27米，是水晶宫的21倍。建造这座教堂花了35年，但水晶宫的施工期才不到9个月。水晶宫真的算是当时建筑建造速度和空间尺度的奇迹。

水晶宫落成后在当时的社会引起了强烈的反响。人们被这个巨大的不是传统意义上的建筑所震惊，当时不少评论家如拉斯金等都对其口诛笔伐，认为它非常丑陋。但无论如何，水晶宫是工业革命以来，建筑史上一次材料和技术的革新，开启了通往现代建筑的道路。在博览会结束后，水晶宫很快被迁到了伦敦南郊肯特郡的西德纳姆，用于展览和娱乐。重建的过程中，建筑有所微调，长度缩短，但高度增加。可惜这座建筑最终还是于1936年毁于一场火灾。

第二节　埃菲尔铁塔：高度的奇迹

埃菲尔铁塔是巴黎的地标建筑，也是法国的地标建筑，建成后曾被誉为"世界第八大奇迹"。还有人说，巴黎古代建筑的代表作是巴黎圣母院，现代建筑的代表作是埃菲尔铁塔。

埃菲尔铁塔位于塞纳河南岸马尔斯广场的北端，是为了庆祝法国大革命胜利100周年而举办的巴黎世界博览会上标志性的"展品"。为了建造这么一座高塔，组委会举行了设计竞赛，最后从700多个参与者中脱颖而出的是古斯塔夫·埃菲尔。古斯塔夫·埃菲尔生于1832年，是当时著名的工程师，曾经在巴黎艺术与工业中心学校学习，从业后设计修建了很多巨型桥梁和铁道，非常熟悉钢铁这种新材料的性能。在建筑从传统木石结构向钢筋混凝土结构转化的过程中，古斯塔夫·埃菲尔发挥了重要作用。为了在限定的期限内完工，埃菲尔在设计这座高塔时，抛弃了石材，全部采用了铸铁。

不过，埃菲尔设计的这个方案由于铁塔怪异的形象和巨大的尺度遭到了当时法国文艺界的强烈反对，包括著名作家莫泊桑、小仲马在内的众多艺术界人士联名写了一封请愿书寄给了当时博览会的负责人，认为这座铁塔不具有人情味的尺度，会影响拥有众多古典建筑的巴黎城市景象。显然当时的巴黎人还无法接受和理解这种新材料结构带来的美学变革。埃菲尔对此据理力争，不但绘制了详细的结构图，还制作了精确的模型。最终他的方案得以继续。

▲埃菲尔铁塔　法国文化的象征之一

埃菲尔铁塔于1887年1月26日开工，最后花了26个月就建成了。1889年3月15日，作为巴黎世界博览会开幕的重要一幕，埃菲尔铁塔的设计者古斯塔夫·埃菲尔将法国国旗升到了铁塔塔顶，埃菲尔铁塔也正式亮相。在博览会举办的7个月中，它一共接待了近200万参观者。博览会后这座铁塔被保留了下来，如今没有人再会认为它是一个丑陋的建筑，每天都有成千上万来自世界各地的游览者来此参观。后来，巴黎人民为了纪念埃菲尔对巴黎做出的贡献，还在铁塔下面专门为他制作了一座半身铜像。

　　埃菲尔铁塔占地面积1公顷，塔身高300米，加上24米的天线，总高度达324米。铁塔上窄下宽，顶端尖细，呈金字塔形，造型在当时非常新颖。铁塔采用的是钢架镂空结构，四个巨大的角形倾斜墩柱往上逐渐合拢形成一个细长的、几乎垂直的方尖塔。墩柱在底部相互之间由四个弧形的半圆拱相连。这四个半圆形拱实际上并不起承重作用，而是为了打消当时公众对结构可靠性的顾虑以及取悦主流古典主义审美而设置的。墩柱和方尖塔都采用X形斜撑作为结构加强。全部工程用掉了7300吨钢铁，1.2万个部件，光是连接各部件就用掉了250万个铆钉。

　　埃菲尔铁塔有三层，每一层上都有观光台，也称瞭望台，站在不同高度的瞭望台上能看到不同的巴黎美景，因此也有人称埃菲尔铁塔为巴黎的瞭望台。

　　第一层观光台高57米，有十几层楼那么高，站在这里向北看，可以望见夏乐宫；往南看，可以看到战神广场，以及法兰西军校；低头向下，可以俯瞰塞纳河。因为是底层，所以这一层的面积在三层中是最大的，除了用作观光，这里还设有商店、餐厅、电影院、会议厅以及邮局。

　　第二层观光台高115米，据说是观光效果最好的一层。站在这里，可以看到凯旋门，可以看到卢浮宫，可以看到圣心大教堂。黄昏或者雨后，这些建筑都隐藏在一层薄雾之后，朦胧中更有另一番韵味。到了晚上，还可以欣赏

巴黎优美的夜景。这一层虽然也有消费的地方，但是已经比较高端，并且需要提前预订。

顶层的观光台高276米，如果不乘坐电梯，走上来的话，需要走1600多级台阶。顶层的视野非常好，天气好的情况下能看到60公里外的景物。站在这里，虽然身处巴黎，但是已经感觉不到巴黎的喧嚣和繁华，眼中只有一条条街道和河流，巴黎变成了一幅微观地图，游客站在这里对巴黎会有更直观的认识。

埃菲尔铁塔一度是世界上最高的建筑，直至1931年纽约帝国大厦建成。当然，埃菲尔铁塔并非只是一个景观和装饰品，除了商业上的用途之外，还在无线通信和广播电视中发挥过重要作用。这也是巴黎人民对它喜爱有加的原因之一，它曾经影响到了这座城市千家万户的生活。

埃菲尔铁塔自从建成之后，便被巴黎视为地标建筑，对它也是十分爱护，这一点单从上漆工作中就能看出。埃菲尔铁塔因为体积庞大，上漆工作十分烦琐，一次需要用55吨油漆，而且油漆也是特制的，寿命比一般油漆要长。上漆之前需要先清理鸟粪和被腐蚀的铁锈，先涂上两层防锈漆，后涂上一层面漆。为了保护到铁塔的各个部位，角角落落都需要工人用刷子一点点涂抹。一般有人只注意铁塔的雄姿，却忽略了它的颜色，埃菲尔铁塔的颜色是专门调过的褐色，这种颜色在阳光下能让铁塔显得更加深邃和夺目。

第三节　自由女神像：法国制造的世界性地标建筑

自由女神像的全称是"自由女神铜像国家纪念碑"，矗立在哈德逊河口的自由岛上，是纽约的地标性建筑，也是美国的标志。在全球范围内，一提到美国，一提到纽约，人们第一个想到的往往就是自由女神像。早在1942年，美国政府就将其列为国家级文物；1984年，联合国教科文组织将其列为世界文化遗产名录。

自由女神像是法国送给美国的一份礼物。1865年，为了增进法国人民和美国人民之间的感情，同时为了庆祝美国建国100周年，法国人决定送给美国一座雕像作为礼物，这便是后来的自由女神像。

自由女神像的设计者是法国雕刻家弗雷德里克·奥古斯特·巴特勒迪。1851年，拿破仑·波拿巴推翻第二共和国的第二天，共和党人在大街上堆起防御工事，誓死反抗。巴特勒迪在大街上亲眼见到一位年轻姑娘手持火炬，跑过街头防御工事，高喊着冲向敌人，结果倒在了血泊中。这一幕深深地印在了他的脑海里，久久挥之不去，成了他后来设计自由女神的灵感来源。此外，巴特勒迪在塑造自由女神像时参照了母亲的脸和妻子的体态。

1871年，自由女神像的草图设计完毕。经过长达5年的准备，1876年开始建造雕像。因为中间普法战争的耽误，直到1884年，工程才竣工，此时距离最初提出这个构想已经过去了20年。

自由女神像高46米，加上底座高91米，在当时是全世界最高的纪念碑建筑。自由女神像的腰宽10.6米，嘴宽0.91米，眼睛宽1.2米，两眼间的距离为3米，鼻子长1.4米，

▲自由女神像

205

一根食指长2.44米，指甲有0.25米厚。整座雕像重225吨，光是内部钢铁骨架就用掉了120吨钢材，外面的铜皮外表用掉了80吨铜，而把铜皮固定在钢架上用掉的铆钉更是多达30万个。自由女神像体积如此庞大，只能先分成若干部分，每一部分单独建造，最后再合为一体。

自由女神身穿古罗马时期的长袍，双唇紧闭，目视前方，面目端庄肃穆，身姿伟岸，象征着自由的高贵和不可侵犯。女神右手高举火炬，寓意照亮人类前行的道路。这个火炬长达12米，"火焰"边沿可以站下12个人。在女神左手中，紧抱一个书板在胸前，书板上刻有《独立宣言》的发表日期"1776年7月4日"的字样，以此象征《独立宣言》。在自由女神像的脚部，有断开的锁链，右脚抬起，像是在前行，象征着自由挣脱束缚，努力向前。

1884年7月4日，自由女神像被正式赠送给美国。同年8月5日，美国开始在纽约市哈德逊河口的自由岛上为这尊塑像建设基座。这个基座高达数十米，外面是花岗岩，内部是世界上最大的单体混凝土浇筑物，重达27000吨。在基座上，刻有美国女诗人埃玛·拉扎勒斯的两句诗："将你疲倦的，可怜的，蜷缩着的，渴望自由呼吸的民众，将你海岸上被抛弃的不幸的人，交给我吧。将那些无家可归的，被暴风雨吹打得东摇西晃的人，送给我吧。我高举灯盏，伫立金门！"

1885年6月，自由女神像从法国里昂出发，运往美国纽约。整座塑像被拆分为200多块，装进箱子，然后用拖轮拖向美国。1886年10月中旬，自由女神像开始在建好的基座上拼装。10月28日，盛大的自由女神像揭幕典礼举行，参加的人数过万，主持仪式的是当时的美国总统克利夫兰。

从1886年开始，人们开始在自由女神头部加装灯饰，之后又几次改进。1916年，雕塑的火炬部分开大了网格，并加上玻璃，装上强光电灯。这样一来，火炬到了夜里便分外明亮，在大海上很远的地方都能看到，成了名副其实的火炬和灯塔。现在，每当夜幕降临，自由女神像的基座上便会有灯光向上照射，将自由女神映衬出一种玉石的颜色，高端大气。女神头上有7个角的冠冕，像是发出7道光芒。到了夜里，这个冠冕的洞孔处也会发亮，像是为女神戴上了一顶金光闪闪的王冠，成为纽约市著名的夜景。

第四节　布鲁克林大桥：世界上第一座钢索大桥

　　布鲁克林大桥位于纽约市，横跨纽约东河，连接布鲁克林区和曼哈顿岛。这是世界上最早用钢材建成的大桥，是工业革命时期的代表性建筑。

　　布鲁克林大桥全长1834米，桥身距离水面41米，桥身由钢索悬吊，在当时是世界上最长的悬索桥。从1869年开始动工，到1883年交付使用，布鲁克林大桥的修建用了14年。

　　布鲁克林大桥的设计师是约翰·A.罗夫林，他是一位德国移民，早年曾经跟随黑格尔学习哲学，后来学习桥梁专业。19世纪中叶，纽约飞速发展，很多人希望能有一座大桥将曼哈顿和布鲁克林连接起来，这其中就有约翰·A.罗夫林。1869年，约翰·A.罗夫林提交了自己的布鲁克林大桥修建计划，并最终得到批准。但就在开工前不久，约翰·A.罗夫林在前去现场勘察时不慎伤了脚，患上破伤风，没过多久便去世了。

　　约翰·A.罗夫林去世之后，接棒修建布鲁克林大桥的不是别人，是他的儿子华盛顿·罗夫林。当时华盛顿·罗夫林只有32岁，他总是坚持奋战在第一线，结果因为多次下水进行桥桩的水下施工，不幸得上了"潜水员病"。等两个桥桩都建好的时候，华盛顿·罗夫林的病情已经十分严重，全身瘫

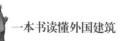

痪。丈夫重病在身，妻子艾米丽主动揽过重任，代替丈夫指挥工作。华盛顿·罗夫林每天在自家窗户上用望远镜掌控大桥的修建进度，然后通过艾米丽把指令传到工地上。艾米丽更是凭借着顽强的意志，自学了高等数学、力学、桥梁学，成为一个合格的指挥者。

当初约翰·A. 罗夫林预计的施工期是12年，实际施工期为14年。在大桥完工的前一年，有人怀疑华盛顿·罗夫林身体情况很差，不适合担任指挥工作。这时候艾米丽勇敢地站出来，在美国土木工程师协会上为丈夫辩护，并号召大家支持自己的丈夫。最终，通过投票，华盛顿·罗夫林的总工程师职位得以保住。

大桥建成通车的那一天，约有15万人从桥上通过，人们举办了盛大的庆祝仪式，但在人群中并没有华盛顿·罗夫林夫妇的身影。实际上，华盛顿·罗夫林一生都没有走过这座他主建的大桥。

布鲁克林大桥建成之后，高达87米的桥墩成为纽约市最高的建筑之一。鉴于当时的交通条件，这座大桥最初主要供行人和马车使用。后来，电车开始普及，大桥上铺设了电车专用轨道。1950年，大桥又增加了6条行车道。在今天，布鲁克林大桥每天通行的车辆多达十几万辆，行人上千，已经成为纽约市不可或缺的交通设施。

▲布鲁克林大桥

布鲁克林是一座悬索大桥，看上去宏伟壮观，自从建成那天起，便成为纽约市的标志性建筑。经过岁月洗礼，这座大桥和自由女神像、帝国大厦等建筑物一并成为纽约的象征。1964年，布鲁克林大桥还当选为美国国家历史地标建筑。

布鲁克林大桥的壮美非常适合入画，因此这里成为画家、摄影家和电影导演钟爱的地方。在这里能欣赏到最美的纽约景色，每年国庆日还会有烟火表演。

第五节　福斯湾大桥：历经100多年风雨的世界遗产

福斯湾大桥修建于1882年，1890年完工，是19世纪人们建造的最壮观的建筑，不仅被英国人引以为豪，还被认为是世界铁路桥梁史上的里程碑作品。

福斯河位于英国苏格兰地区，是当地主要河流之一。这条河发源自斯特林郡的山区，向东经过斯特林市区，并在法夫郡金卡丁镇形成一个河湾，被

▲ 福斯湾大桥

称作福斯湾，之后流入大海。福斯河流域是当地的人口聚集区，福斯湾附近更是如此，其中苏格兰首府爱丁堡便位于福斯湾南岸。作为一个交通枢纽，福斯湾上急需一座铁路桥，连接苏格兰高地和英国其他地区，于是福斯湾铁路桥应运而生。

福斯湾桥最初的设计者为托马斯·鲍齐，他设计的是一座悬索桥。但在动工修建之际，托马斯·鲍齐之前设计的苏格兰海湾大桥不幸在1879年的一次飓风中坍塌，导致一列恰巧通过该桥的火车落水，车上75名乘客全部遇难。因为这次事故，人们对鲍齐的能力产生了质疑，不再聘请他担任福斯湾大桥的设计师，将设计权交给了约翰·福勒和本杰明·贝克。贝克很早就开始研究这种特大跨度的桥梁结构。他认为悬臂桁架梁结构更适合建造这种跨度超过200米的大桥。他们的方案最终获得批准，也就是今天我们见到的福斯湾铁路桥。

福斯湾大桥全长2.5公里，铁路高出水位47.8米，是包括上下行的双幅轨道。大桥在技术上非常有特色，它的悬臂结构是一种"纺锤型"的钢结构。其中最重要的是三个形如纺锤塔架。桥塔高110米，顶部宽约10米，底部宽36.6米，被嵌入到直径21米的花岗岩桥墩上。每座桥塔有两个悬臂，各向外悬挑长达207米。中间还连接着一个107米长的桁架，这使得大桥的主跨长度达到了521米。福斯湾大桥也是当时世界上主跨最长的悬臂桥，比布鲁克林大桥还要长35米。考虑到风力因素，桥梁桁架做成向内倾斜。桁架中压杆和拉杆的设计充分考虑了受力因素，压杆采用的是大直径的钢管，而拉杆则是由四个小钢管组成，空心结构。为了让受力更均匀，免除计算的繁复，这座桥上的拉杆和压杆连接处采用的是自由连接，而非固定连接，这在当时非常新颖。当时桥身上还修建了专门用于维修的通道，方便人们检修。这在今天看来不算什么，但在当时比较前卫，这些维修通道在日后确实起到了很大的作用。

得益于当时英国炼钢技术的突飞猛进，福斯湾大桥的桥身使用的主要材料是钢，它也是英国第一座大型钢铁建筑。整座桥总共耗费了5.8万吨钢，使用了大约650万个铆钉。和它同时期的法国的埃菲尔铁塔，还是用锻铁建造的。由于这座大桥体量巨大，光是为它表面刷油漆就是一项耗费人力和物力的任务，据说等刷完了后面的，前面刷的已经褪色了。在英国"给福斯桥刷漆"已经变为一句俗语，意思是一项永无止境的或艰难的工作。

在施工技术不发达的当时，福斯湾大桥的修建付出了极大的代价，先后有73名工人在高空施工中死亡，伤残人员多达上百。桥边的纪念馆便是专门为纪念这些曾经做出贡献的工人而设立的。

从1890年3月4日威尔斯七世国王将一枚金铆钉钉在桥上宣告大桥竣工至今，已经过去了100多年，但福斯湾大桥依然挺立在福斯湾上，并且仍在使用。经过检测后，桥体的承重部分安然无恙，只有部分零件需要加固和更换，怪不得英国人将这座大桥视为骄傲。

如今福斯湾大桥被漆成红色，更显壮观，晚上开灯之后别有一番韵味。现在每天都还有200多列客车通过福斯湾大桥。在这座桥边上还有一座福斯湾公路桥，修建于20世纪60年代，两座桥相互辉映，成为当地一道亮丽的风景线。

第六节　帝国大厦：在《金刚》等众多电影中现身的建筑

帝国大厦是纽约市的一栋摩天大楼，在很长一段时间里，它都是世界上最高的建筑，因而成为纽约市和美国的象征。这栋摩天大楼原名为"帝国州大厦",帝国州是纽约州的别名,但是因为帝国州的说法拗口,所以人们称其为"帝国大厦"。

帝国大厦位于曼哈顿第五大道上,当年这里曾经是一个农场,后来是一个酒店。20世纪30年代,美国经济萧条,但这没能阻挡富人们修建摩天大楼的热情。大富翁拉斯科布决定修建一座世界上最高的摩天大楼,以彰显自己的财富。他找来著名建筑师威廉·拉姆,问他能把楼盖得多高。威廉·拉姆给出的答案是1050英尺,也即320.04米,仅比当时世界上最高的大楼克莱斯勒大厦高1.2米。这个结果拉斯科布并不满意,他认为要保住世界第一的位置还要建得再高一点。经过16次修改,大厦的设计方案才被拉斯科布通过。

1930年3月,大厦开始建设,1931年5月1日,帝国大厦正式落成,整座大厦102层,高381米,是当时世界上最高的建筑。20世纪50年代的时候,帝国大厦又安装了一座天线塔,使它的高度达到了443.7米。

▲纽约帝国大厦

帝图大厦的建设在当时是一个奇迹，并创下了多项纪录。这座大厦每天参与施工的工人有4000人之多，总共耗费了700万个工时。大厦以每周四层半的速度被拔高，最终工期比预计的提前了5个月，这样的建造速度在当时的条件下是惊人的。帝国大厦的修建总共耗费了1000万块砖，6万吨钢材，80千米长的电缆、电线，1600千米长的电话电缆，192千米长的管道，5660立方米石灰岩和花岗岩，共计用料33万吨。大厦总建筑面积超过20万平方米，里面有6500个窗户，1860级台阶，73部电梯。在当时，整座大厦造价4100万美元。

大厦内部的装修也非常有特色，单是装修墙壁的大理石就来自意大利、德国、法国、比利时等不同国家。大厦的一层大厅艺术品众多，不比艺术馆逊色。大厦刚建成的几年里，很多办公室都空着，有人戏称帝国大厦为"空国大厦"，但是随着纽约成为世界上最繁华的都市，曼哈顿岛寸土寸金，帝国大厦成为众多大公司的办公所在地。

帝国大厦的86层和102层设有瞭望台，人们可以在这里登高望远。如果遇到好天气，不仅整个纽约市尽收眼底，还可以看到100千米之外的景物。每天等待上瞭望台参观的游客成千上万。不仅是普通游客对这里感兴趣，英国首相丘吉尔、英国女王伊丽莎白二世、古巴国家主席卡斯特罗、苏共总书记赫鲁晓夫等名人也都来这里参观过。帝国大厦还以其标志性成为众多电影的拍摄地点，其中比较有名的有《金刚》《西雅图不眠夜》。

自从1931年建成之后，在接下来的40年间，帝国大厦都是世界上最高的建筑。1971年世贸中心建成，帝国大厦退居第二。再之后，世界各地又有很多摩天大楼建成，高度都超过了帝国大厦。世贸中心在9·11恐怖袭击中被损毁，帝国大厦重新成为纽约最高的建筑物。崛起于经济最萧条的时期，长达40年占据世界第一高的宝座，无论今天如何，帝国大厦都已经成为纽约市的标志性建筑，地位堪比自由女神。

第七节 爱因斯坦天文台：表现主义建筑的标志性作品

　　新材料的出现意味着需要有与之特性相适应的新建筑形式。20世纪初为了突破传统的束缚，西方出现了很多不同流派的建筑风格。受艺术领域影响的表现主义建筑就是其中一种尝试。表现主义的建筑师们认为现代建筑应当为主观激情表达服务。表现主义最典型的代表作是德国波茨坦的爱因斯坦天文台。这座天文台是爱因斯坦科技园内的一座建筑，属于波茨坦空间物理研

▲波茨坦的爱因斯坦天文台

究所，位于波茨坦市特利格拉芬山上。

1915年，爱因斯坦提出了著名的广义相对论。这些理论上的假设对空间物理学家们的验证工作提出了更高的要求。在广义相对论中有这样一个假设，即经过太阳附近的光线会因为太阳巨大的引力场而发生弯曲。为了验证这个假设，1917年空间物理学家E.F.弗劳德里希需要一个新的天文台来架设一台观测太阳用的天文望远镜，他聘请了建筑师埃里克·门德尔松来做设计。

门德尔松于1887年出生于东普鲁士的艾伦斯坦，从小就对建筑产生了浓厚的兴趣，在柏林和慕尼黑接受了建筑训练。20世纪初正是钢和混凝土作为新的建筑材料出现并开始广泛影响建筑领域的时候，门德尔松也对这些新材料产生了很大的兴趣，认为它们可以实现那些充满艺术感的结构。

爱因斯坦的广义相对论对于普通人来说，是一个非常高深的理论，新奇而又神秘。门德尔松想要在天文台设计中把这种感觉作为建筑表现的主题，于是他设计了一个由曲线和曲面构成的怪诞形象。最初，门德尔松希望能用钢筋混凝土来实现这个流线型外观设计，但由于第一次世界大战之后材料供应困难，加之浇筑混凝土需要的弯曲和流动性木头模板很难制作，最后还是采用了砖砌，外表涂抹水泥。天文台从1919年开始动工建设；1921年完成主体部分，开始一步步安装观测仪器；1924年，爱因斯坦天文台正式启用。

最后完成的建筑体量并不大。从外观看，这是一座顶部有一个圆顶的六层流线型塔楼。前部有两角向前突出，上面有四层开出形状不规则的角窗，象征着运动感，同时也和门厅的造型有所呼应。入口的台阶两边优美曲线的侧墙将道路巧妙地和入口连接在一起。建筑内部，门德尔松通过一个被环形楼梯围绕着的竖直塔轴组织核心区的各个部分。地下是水平布置的实验室。沿着塔轴往上，顶部是最精彩的部分——被圆形穹顶覆盖的观测台，这里放置着天文望远镜。塔轴中间有两组独立的木格栅用于支撑天文望远镜，还有通道能将天文望远镜捕捉到的光线反射到地下实验室的检测仪器。天文台的

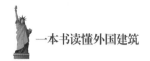
一层布置了一个工作室，二层还有一个可以供科学家通宵工作的小房间。这两个房间是唯一有装饰的空间，内部的家具也是特别设计过的，有着锥形的腿和直角的表面。

当时一位参与这项工程的科学家（同时也是爱因斯坦的同事），曾经在建筑竣工后这样评价："它复杂但又包含着美学思想的优雅的外形，反映出现代技术、现代数学和现代物理的概念。"爱因斯坦本人对这座建筑的建造并没有直接参与，但是他一直支持这项工程，建成之后在这座塔内举行的第一次研讨会便是由他本人主持的。

爱因斯坦天文台从1924年12月6日被启用至今，经历了无数动荡的历史时刻，但是一直坚持正常运行，目前主要工作是对太阳黑子的磁场进行精密测量。

1997—1999年，爱因斯坦天文台进行了修整，作为爱因斯坦科技园的一部分，这里白天是对游客开放的。但是，因为内部有很多精密仪器在进行观测工作，对灰尘和气温、湿度都有严格要求，所以内部的参观有严格要求，一般只开放底层和主间。

这座天文台抽象雕塑般的造型、流线型的结构，表现了建筑师对于神秘莫测宇宙的感受。它如同一座纪念碑，宣告了这个崭新的时代在高速前进。

第八节 圣家族大教堂：未完工已成经典的建筑奇迹

圣家族大教堂坐落在巴塞罗那市中心，是西班牙建筑大师安东尼奥·高迪毕生的代表作。在高迪接受这项工作后，这座建筑于1884年开始动工，至今仍在修建中，有人戏称它是世界上最大的"烂尾楼"。即便没有完工，它仍旧被认为是世界上最伟大的建筑之一，成为巴塞罗那最有名的景点。

最早提出修建大教堂的人是一位虔诚的巴塞罗那书商，他带领众多信徒发起募捐筹集资金，希望建一座大教堂献给劳动者的守护神圣约瑟夫，他本身便是圣徒约瑟夫崇敬会的创始人。大教堂起初聘用的建筑师是弗朗西斯科·德比里亚，他设计了一个新哥特风格的教堂。但在开工后不久，崇敬会和这位建筑师便因为工程预算等问题吵得不可开交。第二年，高迪接手，成为这座大教堂的建筑师。

1852年，安东尼奥·高迪出生于西班牙塔拉戈纳地区雷乌斯城的一个手工世家。他年轻的时候就对制图和建筑表现出极大的兴趣。中学毕业后，高迪前往巴塞罗那学习建筑。在那里，高迪碰到了后来他最重要的赞助者和最好的朋友欧赛维奥·古埃尔。接下圣家族大教堂工程的高迪此时才刚刚过了而立之年，谁也不知道这项工程将耗费他后半生的精力，直到去世都没有完成。但这座教堂同时也是高迪一生中最重要的作品，汇聚了他不同时期的风格。

高迪接手这项工程后，保留了德比里亚的哥特式平面，一开始并没有对这座教堂的设计做什么大的改动。直到后来有一位信徒捐赠了大笔的资金支持教堂建设，外加他完成了米拉公寓、古埃尔公园等项目收获了一定知名度，高迪才放开手脚，大胆地修改原先的设计，开始打造自己心目中的大教堂。

由于圣家族大教堂的用地只有城市的一个街区，高迪首先努力在有限的场地中扩大教堂的规模。从中世纪开始，修道院或教堂中的回廊一般都是布置在教堂的一侧。但是高迪创造性地安排回廊环绕在教堂之外，这样不仅用回廊隔绝街道的噪声，还使得回廊和教堂之间的空间可以用于宗教仪式。高迪计划这座教堂最终完工后可以容纳1.3万人。平面是传统的拉丁十字形，包括左右各有两个侧廊的中厅和一个带回廊的半圆形后殿。半圆形后殿上方是

▲圣家族大教堂外观 圣家族大教堂始建于1882年，1883年高迪接手主持工程，建筑被赋予了高迪独特的设计风格。在建造过程中，高迪曾说过："我的客户（上帝）并不着急"。该建筑至今仍未完工

▼圣家族大教堂内景

一个高达75米的双曲面穹顶。中厅、十字交叉部和后殿的拱顶依次升高，这样设计是为了能让前来参观的人站在主入口就能直接看到这三处的拱顶。

高迪在设计教堂的同时，还考虑教堂和城市的关系。为了突出教堂在城市中的地位，他建议在教堂四周留出了足够的空地，形成星状的四个广场，这样可以使从城市各个方向来的人都能以较好的视角看到大教堂。可惜现在大教堂周围早已从高迪生活时代的荒地变为巴塞罗那观光圣地，仅将在教堂两侧的街区改造成了城市公园。

高迪用隐喻的手法，将教堂的三个立面分别设计为"诞生立面""受难立面"和"荣耀立面"，象征着耶稣的三个人生阶段，主入口设置在"荣耀立面"上。其中"诞生立面"和"受难立面"分别于1912年和1990年完成，代表耶稣复活的"荣耀立面"尚未完工。这些立面上的人物雕塑栩栩如生，每个姿势和细节都十分讲究。据说高迪为了逼真的效果，亲自到街上找人来做模特，每一个雕像都能找到人物原型。即便是对于那些不了解圣经典故的人来说，也能被这些人物传递出来的那种真情打动。

教堂原本设计的塔楼为方塔，高迪不仅将其改为圆塔，还把数量增加到18座，代表了耶稣和他的十二门徒、4个传教士和圣母玛利亚。这些高塔中，中央的大塔高170米，是最高的一座，代表耶稣基督；耶稣塔周围环绕着4座塔，高130米，分别代表着圣经四福音书（马太福音、约翰福音、马可福音、路加福音）的作者：马太、约翰、马可、路加；北面位于半圆形后殿的塔楼高138米，代表圣母玛利亚；另外代表十二门徒的12座小塔，高100～110米，每4座为一组，分别位于三个主要立面上。这些塔的形状不同于传统教堂，更为复杂，上面装饰着各色花砖。在塔尖上，装饰有十字架，十字架周围有球形花冠。这些塔楼完工后，圣家族教堂也将成为全世界最高的教堂，为巴塞罗那勾画出优美的天际线。不过在高迪的设计中，整个教堂最高点绝对不能超过巴塞罗那的最高峰——180米的蒙特惠奇山，因为这座山在高迪眼中是造

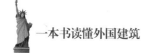

物主的杰作。

圣家族大教堂总体上来讲属于哥特式风格，追求高耸、细长的效果，但是高迪不喜欢直线，他甚至说："直线属于人类，而曲线归于上帝。"因此，在整个大教堂的设计中他没用一点直线，全部用曲线，包括螺旋、锥形、抛物线等。他将这些曲线用得炉火纯青，组合出不少变幻莫测的结构来，让整座建筑神圣中不失律动。

高迪在设计圣家族大教堂的时候，常常从大自然中寻找灵感，比如山脉、洞穴、动物和植物等。反映到建筑中，大教堂的墙上伸出很多兽类的头像，当作出水口，比如蜥蜴、蝾螈、蛇等；教堂的墙面也以当地的动植物作为装饰图案。其中最令人惊叹的是教堂内部的结构，和以往的哥特教堂完全不一样，仿佛是一座梦幻的森林。支撑教堂的柱子仿照树木生长的方式，到上部分出"树枝"承接顶部如花朵般的双曲面拱顶。为了更好地抵御拱顶的重量，这些柱子微微倾斜。并且高迪根据柱子所承受的荷载尽心计算了柱子的尺寸、挑选了合适的材料。位于交叉位置的柱子负荷更多重量，采用斑岩，配以十二边形的横截面，而荷载较小的柱子则采用六边形截面的砂岩。

在大教堂的地下，设有一间小规模的博物馆，里面展出了这座大教堂的蓝图和模型，以及当年高迪为这座大教堂画的设计图等。教堂设有电梯，可以直达百米高空，一览巴塞罗那市的美景。

得益于最新的数字化建造和3D打印技术，高迪设计的图纸和模型虽然在战乱和火灾之中遭到损坏，但最终得以修复，今天圣家族教堂仍然能按照他的构想继续实施。如今，圣家族大教堂已经成为巴塞罗那市的标志，人们认为它所代表的意义已经超越了一座建筑物。如今这座大教堂已经动工一百多年了，没有人知道什么时候才会建好，但当地人也并不为此着急，未完工的状态可能才是他们心中这座教堂最美的样子。

第十章

记录尘封的历史文化——中南美洲古建筑

中南美洲是古代文明的发源地之一，出现过玛雅文明和古印加文明。这些古文明中的先进文化和生产技术让世界震惊。如今这些古文明已经伴随着无数疑问消失，留给世人的唯有那些伟大的建筑。这些古城、金字塔、神庙宏伟壮观，神秘诡异，富有强烈的宗教性，又处处体现出古人对科学知识的掌握，尤其是在几何和天文方面，看似巧合却总是契合，让人着迷。

第一节　特奥蒂瓦坎古城：神秘难解的"众神之城"

特奥蒂瓦坎古城遗址位于墨西哥首都墨西哥城东北约40公里的地方，1987年被联合国教科文组织列入世界遗产名录。这座古城在5—6世纪达到鼎盛，是当时世界上最具规模的城市之一。

没有人知道这座古城原先叫什么名字，阿兹特克人发现这片古城遗址之后，将其命名为"特奥蒂瓦坎"，意思是"众神之城"，他们还命名了这座城市中的道路和建筑。关于这座古城的起源，没有确切记录，只能从遗址和出土的文物中推断出大约建于1世纪。这座城市在7世纪突然消亡，也没有人知道原因是什么，甚至连生活在这座城市的居民至今也不是很清楚该如何称呼自己。

特奥蒂瓦坎古城总面积约为20平方千米，整体布局非常严谨，按照网格来

▼特奥蒂瓦坎古城　沿着宽阔的亡灵大道，特奥蒂瓦坎一组独特的神圣纪念标志物和祭祀场所（太阳金字塔、月亮金字塔和羽蛇神庙等），是前哥伦比亚祭祀仪式中心的杰出典范

规划，高度组织化和集中化。城中央有一条长3千米、宽45米，贯通南北的大道，被称作"亡灵大道"。之所以如此命名，是因为这座城市衰落后来到此处的阿兹特克人认为大道两旁的那些建筑是古代诸神的坟墓，后来发现其实并非如此。另外，亡灵大道的走向也并非正南正北，而是有15度左右的偏差。从整座城市严谨的布局来看，这不可能是无意的偏差，考古学家认为这可能和当时的天文历法有关。

古城内最重要的祭祀和宗教建筑都位于城市中央，主要分布在亡灵大道两侧，错落有致。其中比较有名的有位于大道东侧的太阳金字塔、大道北侧的月亮金字塔、蝴蝶宫以及大道南侧的羽蛇神庙。

其中，蝴蝶宫位于月亮广场的西南角，是古城中最奢华的建筑，建造于古城发展的晚期。据推测在古时候，这里可能是最高统治者或者大祭司的宅邸。它是内院式的建筑，中庭的周围有柱廊，有点类似西方中世纪修道院的回廊，房间很宽敞，内部墙壁上的壁画也完好无损，色彩跟几百年前一样艳丽。在蝴蝶宫下面，人们发现了特奥蒂瓦坎古城最古老的建筑——羽螺庙，庙里的墙壁上画着很多有羽毛装饰的海螺。

在亡灵大道南端，坐落着由一系列高平台构成的巨大建筑群。这个建筑群被称为"城堡"，内有神庙、住宅、广场等建筑，其中最著名的便是广场中心的羽蛇神庙。"羽蛇"，即长着羽毛的蛇，它是印第安人崇拜的一位重要神祇，掌管雨水和丰收。因此在这座神庙中，到处可见羽蛇神的雕像。神庙正面朝西，原本金字塔式的台基非常壮观，可惜已经坍塌，只残留了底座遗址。但即便如此，光是遗址也足够让人震撼。底座共有六层，呈方形，每一层台基的侧面都有羽蛇神石雕。另外，石雕上还有很多文字和图案，至今都未能完全破解。

在亡灵大道和上述这些祭祀性建筑、宫殿等之外，还有大面积的住宅区。靠近城市祭祀中心住的是商人、富豪等上层阶级，他们的房子都是独立的院落式平房，外墙不开窗，由内院来解决采光和通风问题。祭祀中心东面一片区域都是类似公寓的密集房间、小院和狭窄小巷，里面住着专业的工匠和手工艺人。每个家庭都有自己的一套房间和天井，几家合用一个院落。最后城市的周边住的是从事农业劳作的力工、奴隶等。

直到今天，专家也没搞清楚为什么特奥蒂瓦坎城被废弃了，人们好像是一夜之间突然离开的。主流的解释是因为水土流失、气候变化，造成食物匮乏，导致特奥蒂瓦坎居民的减少；其他的原因还包括贸易和经济的衰落以及军事权力的转移。特奥蒂瓦坎城的谜团不仅仅是这些，因为当时生活在这里的居民使用的是另外一种语言，也很少有文字记录传世，所以人们不知道古代的特奥蒂瓦坎人来自哪里，为什么修建了这座古城，后来又去了哪里。今天的特奥蒂瓦坎古城，用它宏伟又精巧的建筑，给人们留下了一个巨大的问号。

第二节 "众神之城"中的杰作：太阳金字塔和月亮金字塔

特奥蒂瓦坎古城遗址中最显眼、最有名的建筑要数太阳金字塔和月亮金字塔，它们已经成为当地古代文明繁盛的标志。古时候生活在这里的人崇拜太阳神和月亮神，在他们中流传着这样一个传说：在太阳死后，人类生活的大地被黑暗笼罩，面临着永无天日的生活。众神了解到人类的疾苦之后，降临到特奥蒂瓦坎，燃起了一堆篝火，商讨对策。众神商定，需要有两个神跳入火中，化身为日月。于是，有两位神站出来表示愿意投身火海，牺牲自己，一位名为纳纳瓦特，另外一位名为特克西斯特卡尔。纳纳瓦特神更为勇敢地率先投身火海，顿时化身为太阳，升到空中；而特克西斯特卡尔神因为害怕而有所犹豫，随后才跳进火堆，最终没能变成太阳，而是成为月亮，只有在太阳落山之后才会出来。传说归传说，不过特奥蒂瓦坎的居民的确非常信奉太阳神和月亮神，在这座城市建立之初，就已经有了专门举行祭祀的太阳金字塔和月亮金字塔。

太阳金字塔位于亡灵大道东侧，是特奥蒂瓦坎古城遗址中最有名也是最早建造的建筑，大约建于1—150年。这座金字塔坐东朝西，规模宏伟，呈方锥阶梯状，共有5层，高66米。塔底东西长225米，南北长222米，体积达100万立方米，几乎可以和埃及的胡夫金字塔相媲美，是整个古城中规模最大的建筑，也是中美洲文明建造的第二大金字塔。整座金字塔用泥土和沙石建成，每一层表面都贴着一层石板，石板上有题材丰富的浮雕。因为这些巨石大多是深褐色或者黑黄色，使得整座建筑在色调上显得有些压抑和沉重。太阳金字塔在朝向亡灵大道的一面，有一条向上的阶梯，阶梯由下而上逐层变

▲特奥蒂瓦坎古城中的金字塔型建筑

窄，到了最顶端甚至分成了两条道，这样的处理加强了透视效果，让金字塔看起来更为高大。拾级而上可以到达金字塔的塔顶，在那儿原本有一座平顶的太阳神庙，可惜后来被毁，现在已经见不到了。据考证，当初这座神庙金碧辉煌，神庙中有神坛，太阳神雕像立在神坛中央，面向东方，身上有金银和宝石装饰。当时的人们正是在此举行宗教祭祀活动。

在太阳金字塔旁边，亡灵大道北侧的尽端，立着另外一座金字塔——月亮金字塔。顾名思义，它是为祭祀月亮神而修建的。塔前面是一个开阔的广场，南北长205米，东西宽137米，可同时容纳上万人。广场中央是一座方形祭台，古时候这里是举行祭祀和宗教活动的场所。

月亮金字塔实际上经过多次扩建，最终建成时间要比太阳金字塔晚200余年。它坐北朝南，也是5层设计，但规模比太阳金字塔要小，高46米，底层长150米，宽120米。月亮金字塔的形体和太阳金字塔颇为类似，同样在面朝亡灵大道的南面中央有一条通向顶端的大台阶，不过台阶下段多了一个凸出的多层附加平台，使得整体造型更加复杂。考古学家们认为这一附加结构有祭祀平台的功能，可以限制进入金字塔主体的人。由于月亮金字塔位于地势较高的地方，顶部平台的海拔高度和太阳金字塔实际上差不多。金字塔的每一层分别建于不同时期，顶部原本也有一个神庙，但现在已经坍塌。每一层的外部同样包有石板，上面绘有各种色彩斑斓的壁画。月亮金字塔的建筑轮廓和背后的山峰形成呼应，显然特奥蒂瓦坎人是根据自然环境来设计这一建筑，最终在城市中创造出神圣的景观。

此外，在月亮金字塔和太阳金字塔的内部，考古学家们还发现了建造于不同时期的通道和带有祭品的墓葬。这些墓葬中出土了黑曜石刀刃、镶嵌眼睛和牙齿的雕像、陶器等随葬品。这些随葬品技艺精湛，展现出很高的艺术水平，反映出了古代中美洲文化的繁盛。

第三节　库库尔坎金字塔：石头堆砌的天然玛雅历法

作为美洲古代文明的杰出代表，玛雅文明最早可以追溯到公元前2500年左右，在3—9世纪发展进入鼎盛时期。公元前6世纪起，古玛雅人在今墨西哥尤卡坦半岛北部建造了玛雅文明最大的城市之一的奇琴伊察。直到13世纪，这座城市才因不明原因迅速没落。玛雅人在这儿留下了数百座用石料建造的建筑物。这些建筑有的高大雄伟，有的精美雅致，体现了玛雅人高超的建筑艺术水平。其中规模最大、最具代表性同时也最神秘的建筑当属库库尔坎金字塔。

"库库尔坎"在玛雅语中指的是带羽毛的蛇。这种想象出来的动物被玛雅人视作神灵，是奇琴伊察的主神，掌管雨水和丰收。库库尔坎金字塔正是为了祭祀这位神祇而建立的，其耸立在奇琴伊察城中央宽阔的科潘广场上。和特奥蒂瓦坎古城中的大金字塔相比，库库尔坎金字塔尺寸并不大。塔基呈正方形，边长55米左右，周长共250米左右，总高约30米，上下9层平台相叠，越往上越小。

金字塔每一面的中央都有一道45度倾斜的阶梯通往顶部的平台，这些阶梯将每面的9层平台分成左右两部分，共有18个小部分，代表着玛雅太阳历所规定的一年18个月。阶梯每侧大约91个台阶，加在一起是364层，再加上顶层正好是365层，代表了一年365天。显然玛雅人有着十分发达的数学、天文知识，并将之运用在建筑当中。

大阶梯的两侧，有石头砌成的护栏，也称边墙，上面雕刻着羽蛇神的头像。其中北面的一个蛇头石刻高达1.43米，长1.8米，蛇嘴里吐着长舌，非常有特色。每年春分和秋分这两天日落的时候，阳光照射到北面的一段台阶边墙上，会形成七段等腰三角形，弯弯曲曲连在一起，再接上蛇头雕刻，宛如一条大蛇正从祭坛顶端爬出，从天而降。这样的设计并非巧合，也是玛雅人天文和几何知识发达的体现之一。每年到了这个时刻，玛雅人便围在祭坛周围唱歌跳舞，庆祝羽蛇神降临人间。

玛雅人的金字塔和古埃及人的金字塔不一样，古埃及的金字塔是尖的，主要用途是法老的陵墓，而玛雅人的金字塔顶端是个平台，建有用作祭祀和观察天象的神庙。库库尔坎金字塔顶层的神庙高6米，呈方形。由于玛雅人认为神庙是神的住所，是非常神圣的地方，所有神庙的四周都没有设置窗户，只留有门洞。库库尔坎神庙北边的入口是正门，门口有两根圆柱，底端有蛇头装饰。正门内也立着两根圆柱，左右对称。神殿内部由若干房间组成，内部精心布置，每一面墙上都有52幅浮雕。在玛雅人的历法中，每52年是一个轮回。顶部覆盖叠涩拱顶。

在库库尔坎现存金字塔之下还有一个更早期建造的金字塔，尺寸比现有

▲ 库库尔坎金字塔

的要小得多。如今在金字塔的东北角有一条地下通道可以到达这个早期建筑保存完好的内室。考古学家在那里发现了一个红色的美洲豹造型宝座。这个宝座是石制的，并镶嵌了大量的玉片和宝石以做装饰；美洲豹的眼睛和牙齿也是用特殊石料制作的。美洲豹在当地一直是权力的象征，所以这无疑是一位王者的宝座。红色在玛雅文明中有着重大的象征意义，与创造生命以及死亡和牺牲有关。现在这个宝座被保存在金字塔顶层的神庙中。

库库尔坎金字塔两侧还分别建有武士殿和美洲豹神庙，明显是在起保护作用。在古代，技术没有今天先进，更没有什么高科技的机械可用，玛雅人是如何建造出这样雄伟和复杂的金字塔的？一方面让人疑惑，一方面又让人感叹。

如今，库库尔坎金字塔已经成为玛雅文明的标志，它层层堆砌的结构，平稳厚重的风格，正是玛雅建筑艺术的精髓。

第四节　铭文神庙：金字塔、庙宇、王陵合而为一

距离奇琴伊察不远，在尤卡坦半岛西边乌苏马辛塔河的下游，今天墨西哥南端的帕伦克同样有一座玛雅人建造的古城。这座古城的历史可以追溯到公元前1世纪，在7世纪左右到达了它最繁荣的阶段，但在800年左右开始走向衰落并最终被废弃，随后便在森林中沉睡了近千年，直到18世纪才再次被西班牙殖民者所发现。帕伦克古城的玛雅名字叫作Lakamha，意思是"大水之城"，指城市所在的地区拥有丰富的水源。古城占地约8平方千米，虽然在规模上比不上奇琴伊察，但是它保存下来了玛雅文明中最为精美的建筑，为今

天的人们讲述玛雅文明曾经的辉煌。城内的神庙、宫殿、广场等依坡而建，错落有序，形成雄伟壮观的古代建筑群，其中最有名的要数铭文神庙。

铭文神庙大约修建于7世纪，背靠陡峭的山坡，借助自然地形修建，是古城中规模最大的一座神庙。它的平面呈长方形，底面长60米，宽40米，整个神庙高38米，其中下部金字塔结构高27米，由8级矩形平台相叠而成阶梯状。每级平台上下都只用简单的方线脚装饰。

铭文神庙同样沿袭了玛雅的传统形式，在金字塔结构顶部上建有祭祀用的祭殿。祭殿也是长方形的，长25米，宽10.5米。正面开有5个门洞，门洞两端的墙壁上刻有大量象形文字，记录了帕伦克王朝的历史。门洞之间的墙墩上有浮雕装饰，其中一幅描绘了一名女性抱着孩子。孩子的形象有些怪异，脸上戴着雨神的面具，有一条腿是蛇的样子。在玛雅文化中，蛇和雨水经常被联系在一起，可能有祈雨的意思。除此之外，入口内门廊的墙上还有三块象形文字碑，分别称为东碑、中央碑和西碑。其中西碑是神庙铭文中字数最多的一处，有600多个字。神庙正是因这些铭文而得名。这些文字记载让人们看到了玛雅人复杂的社会和政治结构，以及他们的宗教信仰和实践。祭殿的门廊内还有3个房间，整个建筑的顶部覆盖叠涩拱，外部覆盖四棱台柱的屋顶。屋顶上曾经有构架装饰，现已损毁。

原本人们认为这座神庙和其他玛雅金字塔上的神庙一样，是国王用于举行祭祀仪式的场所，但铭文神庙不同寻常之处在于它还兼作王陵。1949年，墨西哥考古学家阿尔贝托·鲁兹·卢利耶在清理祭殿时，偶然发现了室内地面下边有一条隐蔽的狭窄阶梯通道。顺着这条通道下去，发现这座金字塔的内部是中空的，有一座颇大的墓室。根据考古学家们的推断，当这个王陵建筑完工后，墓室便被巨大的石板堵住，通道也被回填封闭，从此再也没有人来过这里。外部的金字塔仿佛是为了掩盖这个墓室的存在。根据对神庙铭文的解读以及对周围宫殿的挖掘研究，考古学家们相信这个陵墓属于7世纪帕伦

克的最高统治者帕卡尔王。他12岁即位，在位69年。在他的治理下，帕伦克这座城市迎来了前所未有的繁荣，城市中很多建筑都是他下令开始建造的。

铭文神殿内的这个墓室内部长约9米，宽度最大处约4米。为了承担上部金字塔巨大的重量，墓室顶部采用了三角形的叠涩拱顶，两侧的墙壁上还设有扶壁用于支撑拱顶。墓室四周的墙壁上，画着9个人物，这些人身穿华丽的服饰，头戴羽毛，脸上蒙着面具，腰带上有人头形象的装饰，腿上扎着绑腿，鞋子是平底鞋；此外他们脖子上、胸前、手腕、脚腕上，都有饰物；并且手里拿着蛇头权杖和装饰有太阳神的圆形盾牌。在玛雅神话中，他们是掌管黑夜和地下世界的9位神祇。

墓室中最重要的毫无疑问是摆放在中央的石棺。石棺很大，被搁置在6个带有浮雕的墩座上，全由整块石板构成，上面刻有精美的图像，工艺精湛，是玛雅文明艺术品中最有名的作品之一。石板的中央雕刻了一个男人和一个

▲墨西哥帕伦克古城内的铭文神庙

十字形。这里的十字形与欧洲的基督教没有关系，是玛雅文化中的一个古老符号，代表矗立在宇宙中心的世界树，表示死者已经进入了另一个世界。石板的浮雕讲述身着玉米神装束的帕卡尔王怀着再生的希望，躺在"地球怪物"的顶部，他的身上长出了直入苍穹的世界树，树枝上缠绕着一条蛇，暗示着帕卡尔王位于天堂和冥界这两个世界之间。

打开重达7吨的棺盖，里面沉睡着戴着面具的帕卡尔王。通过遗体可知，这位国王身高1.73米，帕卡尔王脸上的面具，连同佩戴的耳环、项链、手镯、戒指等装饰品，全都是用玛雅人最珍贵的翡翠打造的。其中最令人惊叹的莫过于面具，灰泥将200多块翡翠碎片黏合在一起，眼睛部分由贝壳、珍珠母和黑曜石组成，仿佛一幅镶嵌画。此外，墓中还发现了权杖、太阳神盾牌、带有雕刻的陶器等物品，墓穴外面还有5具陪葬者的遗体。这些都说明了墓室主人在当时具有崇高的社会地位。

铭文神庙连同整座帕伦克古城留给人们的不仅仅是玛雅辉煌文明的记录，还有很多不解之谜。不使用铁器的玛雅人如何建造出如此精美的建筑和规模宏大的城市？这个谜团仍然等待着历史学家们去探索解答。

第五节　马丘比丘古城：印加帝国的"失落之城"

作为古代美洲三大文明之一的印加文明是南美唯一由古代印第安人建立的文明。印加人主要活动于安第斯山脉一带，在15世纪以秘鲁库斯科为中心建立了一个版图几乎涵盖整个南美洲西部的庞大帝国。但印加帝国的繁荣只持续了百年，就因为内部王位争夺，以及欧洲殖民者带来的天花肆虐，国力

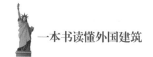

大减，最终在16世纪初被西班牙殖民者灭亡。

如今，印加帝国最有名且保存最完好的遗址就是马丘比丘古城，它被称为印加帝国的"失落之城"。在印加语中，马丘比丘的意思是"古老的山"，这与它所处的地理位置有关。这座古城位于安第斯山脉一条陡峭狭窄的马鞍形山脊上，海拔2400米，一面可以俯瞰下方的河谷，一面对着群山。如今，这里是联合国教科文组织认定的世界遗产，已经成为秘鲁最受欢迎的旅游地之一。

根据历史学家考证，马丘比丘是印加统治者帕查库蒂于1440年左右建立的，一直到16世纪西班牙人征服印加时，都有人在此生活。马丘比丘距当时印加帝国的首都库斯科约80千米，只有一条被称作印加古道的狭窄道路与外界相连。它也因此躲过了西班牙人殖民秘鲁后对印加文明的破坏。但在那之后，这座古城便湮没在了荒山丛林之中，从人们的视野中消失。1911年，美国考古学家海勒姆·宾汉姆在寻找一些消失的印加古城时发现了它。至此，消失几百年的马丘比丘才重见天日。

由于印加文明没有文字，因此关于这座城市的功能，目前仍然没有明确的定论。有学者认为这座古城是贵族的乡间休养场所，尽管建有宫殿和神庙，还有很多生活设施，但真正住在这里的人并不多，高峰时期也不超过750人。还有一种说法认为马丘比丘古城是当时的宗教圣地，因为人们在这里发现了上百具尸骨，其中女性占了绝大多数。有考古学家推测这些女性大概是负责祭祀太阳神的"太阳贞女"。

马丘比丘的总体布局可以分为生活区和农业区。整个遗址的东南部是农业区，面积占遗址的一半还要多。这个区域位于坡地上，为了保护用于种植的土壤，根据地势用花岗岩修建了一层层的挡土墙，形成了规模壮观的梯田。农业区内有先进的灌溉系统。在农业区与生活区之间有一条用作分界的沟壑，既可以用来防御也有利于排水。生活区和沟壑之间还筑有高高的防御性围墙。

　　生活区由大约200多个建筑组成，主要集中在遗址西北部。城内设施完备，无论王宫、神庙、平民住宅，还是广场、大街、公园，一应俱全，甚至还有完善的排水系统。古城现存的建筑主要围绕山顶南北向的长方形中央广场布置。因为地势原因，广场的周边修建了一系列台地。各台地之间由花岗岩做的台阶相连，最长的一处台阶有160级。

　　中央广场的东、南、西三侧分布了不同类型的建筑。广场的西边和南边集中了城内重要的宗教建筑、王宫和贵族的住宅区，其中最重要的一组祭祀建筑在不大的祭司广场周围，这里集中了主神庙、祭司用房和三窗殿。主神庙在广场的北侧，有三面围墙，南面开敞，这样祭司广场就成了主神庙空间的延伸。主神庙东西两侧墙体用巨石做地基，墙壁是用精心切割打磨过的石块堆砌而成的；北墙前设有石砌的祭坛。三窗殿在广场的东侧，因为有三扇巨窗而得名，这些窗户也都是用巨石叠加做成的。其中一扇称之为"富饶

▲马丘比丘古城　古城修建所使用的砖是经过非常精确的切割的，堆砌得非常紧密，连一张卡片都塞不进去

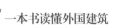

窗"，传说印加人的祖先从这个窗下出发开创了伟大的帝国。广场南侧是祭司用房，也可能是人们聚会和休息的地方。

　　主神庙这组建筑北面的小山丘是整个古城中最高处。古城中著名的拴日石就在这里。拴日石是一块精心雕刻、造型奇特的石雕，在印加人心目中有着非常神圣的地位。他们崇拜太阳，将自己视为太阳的子孙，也担心太阳落山之后不再升起，所以设立了这块拴日石，寓意将太阳拴住，永留人间。每年冬至太阳节时，印加人就会在这里举行仪式，祈祷太阳重回大地。拴日石不仅是印加人祭祀太阳的场所，还有另外一个重要用途，那就是观测天文和确定历法。每年1月30日和11月11日的中午，太阳都位于石头的正上方，没有影子。在6月21日这天，太阳会在石头的南面投下最长的影子。人们通过观察拴日石的投影，判断时间和日期，安排播种和收获，作用类似于中国古代的日晷。可以说拴日石是整个马丘比丘最美丽和神秘的地方。

▲马丘比丘古城近景

在祭祀广场的南侧，还有另一组比较完整的重要建筑群，包括太阳神庙、国王陵墓、水神庙等建筑。太阳神庙内有一块大石头，神庙正是为此而建。太阳神庙的平面比较特殊，入口处有一段半圆形弧墙，墙上有两个窗洞和多个壁龛。冬至的时候，阳光从东侧的窗洞穿过，可以照射到中央的大石头上。太阳神庙正是由此得名。由于国王自认是太阳之子，为了表示对他的尊重，国王陵墓被安排在了太阳神庙的正下方。陵墓入口有精心雕刻的阶梯状石板，印加人相信通过这个阶梯能够接近太阳。陵墓内部的墙壁上还有固定吊装绳索用的圆形石棒。水神庙位于太阳神庙的北侧。印加人把水视为神灵。这里同时还有马丘比丘的水源。

　　中央广场东侧的北面高地上是低标准的居住区，东侧的南面低一点的地方是作坊区。这里的建筑和神庙那片相比，工艺明显粗糙很多，多用形状不规则的石块砌筑。屋顶采用木构架和草顶。在作坊区的南侧有一座样式奇特的神鹰庙。神庙的地面上有鹰头形象的石刻，而神庙后面的巨石组成了两翼的形状，像是要展翅高飞一样。在神鹰庙的巨石下面有一个潮湿的地牢，那里曾经作为监狱。神鹰立在监狱的上面，威慑着里面的囚犯。

　　马丘比丘古城中，绝大部分建筑都是用石材建成的，可以说这是一座石头城。当初生活在这里的印加人加工石料的水平非常高，他们将巨石打磨好，切割出想要的形状，然后严丝合缝地拼接到一起，不需要黏合，也不会留下缝隙，即便是刀片也难以插入。令人震惊的是印加人没有发明铁器，而是使用青铜工具和较硬的石头切割石头。一些建筑中用到的石头重达上百吨，如何运输它们到现在也是个谜。几百年来，当地经历的地震和山洪不计其数，但这座古城依然保持完好，不得不佩服当初工匠的高超技艺。

　　马丘比丘古城尽管已经被发现了100多年，但它给人们留下的震惊和谜团一直没有消失，每年都会吸引大量游客来这里参观。

第十一章

吸收与发展——东亚建筑

建筑的精髓往往体现在宗教建筑和宫殿建筑中，东亚地区也不例外。朝鲜半岛和日本自古以来就和中国有着密切的文化交流，它们的古代建筑受中国影响很大，同时又创造了各自的建筑特色。朝鲜半岛的建筑注重与周围环境融合，而非改造环境；讲究秩序但不强求对称，尤其是建在山上的佛寺，这点表现得最为明显。日本建筑显得更为秀丽精致，对木结构的运用也在中国建筑文化的基础上有着自己的发展。

第一节　佛国寺：韩国石造艺术的宝库

中国文化很早就影响到了朝鲜半岛，佛教是其中一个重要的方面。佛教自东汉初传入中原，到南北朝时期发展到一个鼎盛阶段，并开始向朝鲜半岛、日本辐射。在新罗统一朝鲜半岛之后，积极展开了与唐文化的交流。佛寺建筑也在这一时期迅速繁盛，成为这一时期最重要的建筑类型之一，佛国寺是其中的代表。它位于韩国庆尚北道东南的吐含山上，是韩国现存最重要的古刹之一。因为极具特色的院落布局，精美的建筑艺术，它被誉为韩国最精美的佛寺。

佛国寺始建于530年，最初称华严佛国寺，也被称为法流寺。751年，寺院开始翻修，最终于774年完工，完工后的寺院更名为佛国寺。无论高丽时代，还是朝鲜时代，佛国寺都经历过多次改造，名声也越来越大。1593年，恰逢壬辰倭乱，佛国寺内的木结构建筑毁于战火，只有石材建筑得以保留。1604年寺庙重修并复原，此后又经历多次重修，虽然木构建筑大多已不是新罗时代的样式，但是全寺的格局仍维持了统一新罗时代主流的双塔式伽蓝布局。如今的佛国寺内，不仅有大雄殿、极乐殿、无说殿等，还有多宝塔、释迦塔、莲花桥、七宝桥、青云桥、白云桥、舍利塔等多处建筑，其中大部分被列为韩国国宝。

佛国寺坐落在一个向南的台地上，保留了廊院式的布局。寺院主要由东西两处院落构成，两者之间由石桥相连。西院以极乐殿为中心，象征着西方净土世界。东院又称金堂院，为全寺主院。紫霞门、大雄殿、无说殿依次

▲佛国寺

处在金堂院的中轴线上，雄伟壮观，又富有变化，有隋唐时期中国寺院布局的特点，是当时新罗与中国文化交流的见证。同时总体布局也象征着《法华经》中所描述的多宝如来的佛国世界。

佛国寺的山门距离寺院很远，进了山门之后需要走长长的一条路，并且需要跨过莲池、拱桥，才能抵达寺院。这样的设计是为了让进入寺院的人清空内心的杂质，心境明朗。这条长路被称为香道，本身也是一处景观。

金堂院山门是紫霞门，其后的主殿大雄殿供奉释迦牟尼，是僧人们诵经的地方。在金堂院中最值得注意的是大雄殿前东西两侧矗立着形象不对称的双塔。两座塔均高10.4米，都是韩国国宝，被看作韩国古代塔建筑中最具代表性的作品。西侧释迦塔是典型的百济系石塔样式，塔身三层，下有两层较高的台基，有唐代楼阁式石塔的神韵。东侧多宝塔则采用了构图复杂的新塔形，上部是一座八角塔，下部为方形塔室，塔身下有石级和基座。多宝塔的特殊形态在整个朝鲜半岛属于孤例。佛国寺双塔的形式有着佛教的渊源，来自《法华经·见宝塔品》，建造年代也比今天中国现存最早的双塔遗例杭州灵隐寺吴越双塔要早。这两座塔比例优美，造型精致，是朝鲜半岛众多石塔中的杰作。

石桥建筑是佛国寺的另一大特色，著名的石桥有紫霞门前的青云桥和白云桥，以及西院前连接安养门前的莲花桥和七宝桥。金堂院前的青云桥有17级台阶，白云桥有16级台阶，两座桥代表着世俗和佛界之间的通道；同时，青云桥代表着一个人年轻的时候，白云桥代表着一个人年老的时候，加起来象征着整个人生。新罗时代的桥梁中，只有这两座保存完整，所以非常珍贵。

西院前的莲花桥有10级台阶，七宝桥有8级台阶，规模相对要小一些。莲花桥的每一级台阶上都刻着莲花花瓣，十分精美。据说，只有那些参悟出了佛法的人才有资格从这两座桥上通行。岁月的侵蚀让这两座桥面目不如以前，现在已经禁止通行。

青云桥左侧有泛影楼，是当初最早修建的钟楼，可惜后来毁于战火，今天所见的是后来复建的。泛影楼的样式中间窄、底层和顶层宽，东南西北四个方向立着8根石柱，并且每一根选用的石料都不同。楼里面有一尊石刻的大龟，龟身上驮着一面大鼓。

佛国寺被称为韩国石造艺术宝库，里面很多石质建筑都是用花岗岩打造的。这些石造建筑比例协调舒展，构造别具匠心，技术成熟精致。同样在8世纪，吐含山上还开辟了一处石窟庵，里面刻有佛像，佛像周围环绕着菩萨、信徒和各路神仙，惟妙惟肖，技艺精湛。

佛国寺利用山形地势形成了复杂的空间秩序，同时寺院不少地方都体现了法华思想和净土信仰，使得它在朝鲜半岛的佛寺建筑中有着特殊的地位。1995年，联合国教科文组织将佛国寺和石窟庵一起列入了世界文化遗产名录。

第二节　梵鱼寺：金井山上的著名古寺

梵鱼寺位于韩国南部的金井山上，由"海东华严始祖"义湘大师于678年创立，距今已有一千多年的历史，在韩国孺妇皆知，是韩国现存最著名的佛寺之一。

关于梵鱼寺名字的来历，说法颇多，其中有一种最被人广泛接受。根据地理志《东国舆地胜览》记载，在金井山的山脊上有一口井，井水呈金色。一天一条金鱼伴着五彩云从天而落，来到这口井里玩耍。这条金鱼被人们称为"梵鱼"。"金井山"和"梵鱼寺"都是因此而得名。时至今日，当地的标志还是一条金鱼。

相传梵鱼寺的修建源自当时国王的一个梦。新罗文武王时期，南部地区因为临海，常常受到来自倭寇的侵扰，百姓对此怨声载道，国王也焦虑不安，但就是没有好办法。这天夜里，他在梦中见到一位神仙，神仙指点他说："太白山上有一位义湘和尚，他是金山宝盖如来的第七个化身，如果把他请到东海边的金井山上，祝祷7天7夜，倭寇自然会退兵。"国王醒来之后，立即派人去请义湘大师。义湘大师在金井山祝祷了7天7夜之后，狂风大作，大地震动，天上出现了佛像，倭寇吓得四处逃窜，不敢再来进犯。国王为了感谢义湘大师，在金井山上修建佛寺殿堂，这便是最初的梵鱼寺。

梵鱼寺历经千年，几经重修和扩建。835年，梵鱼寺进行了一次扩建，成为"华严教十刹"之一。1592年，梵鱼寺被日军焚毁，重建之后不久又被损毁。1613年，梵鱼寺再次重建，之后的历朝历代都有修建，一直延续至今。

如今的梵鱼寺保留了7座殿阁、2座阁楼、3扇巨门、11座进修庵等40余座建筑，其中三层石塔和大雄殿已经被列入韩国国宝。

梵鱼寺的布局与中国佛寺有所区别，中国佛寺同中国其他建筑一样，讲究平整严谨，多为方形，但是梵鱼寺的建筑散落山间，甚至连围墙都没有。这些建筑遗迹从东边往西边数，有一柱门、天王门、不二门、普济路、大雄殿；北边散落着观音殿、毗卢殿、弥勒殿、三层石塔、钟楼；冥府殿、八相殿、独圣阁、罗汉殿和寻剑堂等都在南边。

一柱门处在梵鱼寺最外面，是进入寺院的第一道门。这道石门用四根天然石柱做支撑，每根高约一米半，看上去古朴敦厚。中间门上匾额上写着"曹溪门"，韩国佛教中最大的派别为"曹溪宗"，他们自称传承自禅宗六祖惠能大师，其名源自惠能大师在曹溪弘扬佛法的典故。两侧的门上匾额分别写着"禅刹大本山""金井山梵鱼寺"。在当地的传说中，跨入这道门可以忘掉人间的所有烦恼。

梵鱼寺内的大雄殿修建得比较早，后来又经过多次修缮，是韩国此类建筑中的巅峰之作，位列韩国国宝第434号。大殿宏伟华丽，但不浮夸，很好地表现出了佛教建筑庄严又亲近的特点。在大雄殿内，以前供奉的是过去佛提和竭罗佛，现在供奉的是佛祖释迦牟尼，另有未来佛和弥勒佛。这些佛像建于17世纪，手法细腻，表面贴以金箔，看上去慈眉善目，和蔼近人。此外大雄殿内另有其他珍贵艺术品，如朝鲜时代的《白衣观音图》等。

北边弥勒殿前有一座三层石塔，是梵鱼寺最早修建的一批建筑之一，据说是用来安放佛祖舍利的。塔身下面有两层台基，塔身和塔顶各自用石块做成，没有塔柱。塔顶的盖上原本有纹路装饰，不过历经千年风吹日晒已经不见，现在看到的是后人重新修补上去的。

金鱼禅院是寺内众多禅院之一，虽然修建的时间较晚，但是每年都会有众多佛教弟子来这里修禅，有的更是常年住在这里，更多的是在举行"夏安

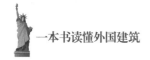

居"和"冬安居"的时候来这里修行。

因为历史上的亲近关系,韩国的佛寺建筑受中国影响很大,但是韩国佛寺建筑又有自己的文化特点。中国的佛寺给人感觉偏于庄重,而韩国的佛寺让人感觉更亲切;中国的佛寺风格上喜欢严整,韩国的佛寺则力求自然,最好能同周边的环境融为一体。

第三节　景福宫:韩国宫廷文化的活化石

1392年,李氏王朝在中国明朝的帮助下,统一了朝鲜半岛,建立了朝鲜半岛历史上最后一个统一封建王朝,国号朝鲜,定都汉城,即今天的首尔。朝鲜王朝时期最重要的宫殿就是正宫景福宫,于1395年开始修建,距今已有600多年的历史。它目前也是韩国规模最大、最古老的宫殿建筑,占地50多万平方米,由330栋建筑组成,规模将近6000间。景福宫的名字取自《诗经·大雅·既醉》"君子万年,介尔景福"中的"景福"二字。因为位于汉城北部,也被称为"北阙"。

景福宫落成之后有过数次变动,一度在壬辰倭乱中被毁,于1870年重修,保存了原来的布局。整个宫殿最初建成时,分为左、中、右三路,其中中路也是前朝后寝的模式,与北京的元、明故宫类似。整个宫殿周围有一圈石头筑成的围墙,东、西各有一座十字阁,但只有东十字阁保存了下来。景福宫四面各开一门,其中南面的光化门为宫殿正门,面阔三间,采用重檐庑殿顶。光化门内有宽阔的庭院,院北是弘礼门。弘礼门之后还有一重院子,院内原有一条名为"禁川"的人工小河自西向东流过,类似紫禁城太和门前的金水河。河上设有永济桥，但这条小河和永济桥都在日本殖民时期被毁。

　　永济桥的北面便是作为"前朝"部分正门的勤政门。勤政门只有举行重要仪式时才会被开启，平时百官们都从左右两侧日华、月华两夹门出入。勤政门内是一个大约140米长，100米宽的大院子，四面设有回廊，院子后部便是整个景福宫中最重要的建筑勤政殿。

　　勤政殿，又称"法殿"，是景福宫的正殿，在各个宫殿中位置居首。按照礼制，这里是平时举行重大仪式、大典时接受百官朝会、国王接见外国使节的地方。最早的勤政殿在1592年毁于战火，我们今天所见的是1867年修复之后的。

　　勤政殿面阔5间，进深也是5间，采用重檐歇山顶。由于内部局部设有夹楼，所以两层屋檐之间开有小窗，但殿内主要部分空间开阔。大殿内一共有16根柱子，柱子直径约1米、高约12米。在正殿中央，设有国王的御座，每当举行庆典，或者接见外宾的时候，国王便坐在这里。御座后面还有其他装饰物，比如折叠式的屏风等。殿内的天棚上有黄龙浮雕，象征着皇权，这一点同中国古代一样。

▲韩国首尔景福宫勤政殿

　　台基是宫殿的重要组成部分，能够让宫殿高出地面一大截，从气势上显示出皇权的威仪。勤政殿在这方面也不例外，底下有两层白大理石台基。在景福宫内，别的宫殿有的也有台基，但并没有栏杆，唯独勤政殿的台基上有栏杆，这也是级别的象征，以此突显君主的威严。这些栏杆上都有浮雕，内容十分丰富，大多是寓意保卫天子和祈福。比如，台阶左右的栏杆上分别按方位雕刻了青龙、白虎、朱雀、玄武；还有象征12生肖的12种动物；台基拐角处有獬豸，既有威严，又不乏活泼，惹人喜爱。台基中央的通道是国王专门使用的，上面雕刻了一对展翅翱翔的凤凰，下面伴有浮云，十分精美。

　　在上层台基的两侧，各有一个鼎，看上去像是香炉。古人喜欢用青铜器表示庄重，用来祈求风调雨顺，国泰民安，上天庇护。下层台基左右各有大铁缸一个，里面有水。因为古代建筑以木石为主，所以防火工作格外重要，不少历史上有名的建筑都是毁于大火。不过也有一个说法，这两口大缸里面盛满水之后，火魔从中看到自己的倒影便会吓得逃走。

　　勤政殿前的广场是文武官员聚集的场所，地面铺设花岗岩，设有文班、武班两排立石，标明了上朝时百官按品阶站立的顺位。勤政殿后有以思政殿为中心的一组院落，是国王处理日常政务的地方。思政殿左边是万春殿，右边是千秋殿。这种三殿并列的模式，有着北京元代宫殿的影子。

　　思政殿院落之后是"后寝"的部分，其中康宁殿是国王的寝宫，交泰殿是王后住的地方。交泰殿采用的工字形平面也是中国元代宫殿常用的。后寝区域的北面是以"峨眉山"为主题的造景院落。东路和西路的其他建筑群布置都相对自由。

　　古代的时候，东亚国家之间往来密切，在各个领域都有深入的交流。如此频繁和紧密的交流，使得中国、日本和韩国之间在文化上有很多共性，其中便包括建筑领域，景福宫就是一个很好的例子，整个宫殿基本上是在中国"天朝礼制秩序"的思想下建造的。

事实上，景福宫虽然称为"宫"，但是在朝鲜官方正式场合中，考虑到与中国明清两朝的宗藩关系，一直以王府自称，其建造规模和形制实际上也是参照明代王府的规制，特别是勤政殿建筑群，更是如此，不敢稍有逾越。例如《明会典》中要求王府前殿的前门开间不能超5间，前殿开间不能超过7间。景福宫的正门光化门最初建造时面阔才3间，勤政殿面阔也低于《明会典》中的要求。勤政殿前有三重拱门，也符合周礼的"天子五门，诸侯三门"的制度。另外，景福宫所有建筑的屋顶皆按《明会典》中的要求，采用了亲王宫殿规制的青色琉璃瓦。

　　自1897年朝鲜高宗将正宫移至庆云宫后，景福宫不再作为皇宫。景福宫作为朝鲜王朝前期的政治中心，经历了数百年的时间，见证了历史变迁，在韩国历史文化中有着无法替代的地位。

第四节　昌庆宫：精致小巧的朝鲜王朝离宫

　　朝鲜王朝时期，除了正宫景福宫之外，还在汉城（今天的首尔）内建造了其他一些离宫，昌庆宫便是其中之一。昌庆宫的前身"寿康宫"是朝鲜王朝的世宗大王于1418年为退位的父亲修建的一座别宫。1482年，按照成宗大王的旨意，寿康宫内修建起了明政殿、文政殿和弘明殿，专门用来赡养三位王后，同时改名为昌庆宫。

　　历史上昌庆宫多次毁于战乱和火灾，1616年曾经重建过一次，1830年又大规模修复。日本占领期间，曾于1909年拆毁了昌庆宫的围墙和宫门，将其改造成动物园和植物园，允许人们进入参观。这段时间内，昌庆宫被改称为昌庆苑。1984年，韩国政府将动物园、植物园迁往别处，重新修复这处宫苑，并恢复了昌庆宫的称呼。今天，昌庆宫占地20多万平方米，有将近30座独立建筑，其中很多都是国宝级别的。

昌庆宫的正门叫作"弘化门"，为圣宗年间所建。这座门是木结构两层建筑，面阔3间，进深2间，从两边看形状为梯形。弘化门后的院子内与景福宫一样，有一条被称为"禁川"的小河，来区分宫内宫外。河上的桥叫"玉川桥"，主要由两块大石头组成。玉川桥比一般宫殿禁川上的桥都要精美，是众多宫殿桥中唯一被评为宝物的一座。

过了玉川桥，跨过明政门，便来到了昌庆宫的正殿明政殿。这是李氏统治时期宫殿中最古老的一处正殿。当时所建的正殿都是朝南，唯独明政殿朝东，原因是明政殿的南侧是宗庙，根据儒教的规矩，不能对着宗庙开门。明政殿是正殿，面阔5间，进深3间，采用歇山顶，无论规模还是屋顶，等级上

▲昌庆宫　昌庆宫是韩国第三处古老的王宫，原为寿康宫，是朝鲜王朝第四代君王世宗大王为其父太宗所建的别宫

都要比景福宫勤政殿低。

明政殿后面左侧是崇文堂，因地势原因，崇文堂视野极好，能望见明政殿和文政殿的屋顶起伏，优美壮阔。

昌庆宫其他部分的建筑布局相对比较自由。欢庆殿是国王的寝宫，在明政殿的西北。通明殿是昌庆宫内面积最大的内殿，建造之初就是古代太妃居住的地方。建筑的规制也与住在这里的人掌管整个后宫的身份、地位和权力相符。千百年间，在这个内宫权力的中心不知上演过多少后宫的悲喜剧，留下了无数的传说。

值得一提的是昌庆宫内还设有一风旗台，台顶上立着一根长杆，长杆上面系着一块布，通过观察这块布测定风向和风速。古时候的天气对农业来讲格外重要，所以王宫中一般会设有这种测定天气的设备。通常情况下，风旗台边上都会建有华表，那是一种用来测量时间的工具。

在整个宫殿的北边有一座池塘，以前这里曾经有一半为水田，在里面耕作的不是别人，正是国王，为的是让他能够体恤民情。在昌庆宫被日本人占领期间，这里被改造成了一座水塘。

除了上面提到的这些建筑外，昌庆宫内还有文政殿、景春殿、仁阳殿、养和堂、丽晖堂、思诚阁等建筑，都是韩国建筑史上的精品。

第五节　法隆寺：飞鸟时代的佛教古迹

6世纪，伴随着佛教通过朝鲜传入日本，中国的各种文化如潮水般涌入日本。其中，中国建筑也随着佛寺的建造开始体系化地传入日本，对之后的

日本建筑产生了深刻的影响。法隆寺正是佛教传入日本后最早修建的寺院之一，目前是日本同时也是世界现存最老的木结构建筑。

法隆寺，全称法隆学问寺，又称斑鸠寺，位于日本奈良，由圣德太子建于607年。法隆寺对日本佛教的兴盛有至关重要的作用，因此它在佛教中地位非常崇高。寺内共有建筑40多座，保存了从飞鸟时代以来的各种文物，数量多达上千件。

法隆寺自从建立之后，不断扩建和修缮。有史料记载，670年的一场火灾让法隆寺片瓦不存，所以我们今天见到的法隆寺是708—715年间重建的。很多人质疑这个说法，到目前为止还没有定论。925年，西院的大讲堂、钟楼被烧毁；1435年，南大门被烧毁，后来都得到了修复。

今天的法隆寺，占地面积约19万平方米，分为东西两个院子，其中西院有金堂、五重塔、山门、回廊等建筑；东院建有梦殿等建筑。法隆寺的建筑因为极具飞鸟时代的特色，所以被认为是那个历史时期建筑的代表作。

▲法隆寺

西院在法隆寺中地位重要，多数有名的建筑都集中在该院中。进入西院，右侧为金堂，左侧为五重塔，外面环有回廊。在回廊的正南方开有一个中门，中门东西两侧分别有钟楼和经藏。西院的建筑多为木结构，建造时间也早于东院。

金堂是一座佛堂，平面呈长方形，为了显得更气派设计成两层的重檐样式，底层面阔5间，进深4间；二层面阔4间，进深3间。金堂的斗拱整体采用云状的构件，以及装饰有卍字形楞条的上层扶手都非常有特色，这些典型的7世纪日本建筑元素在法隆寺之外已经见不到了。金堂4个角上有4根柱子，上面刻有飞龙，虽然这4根柱子有支撑上层的作用，但是并非一开始就有，而是后来加上去的。金堂中间供奉的是释迦如来，东边供奉的是药师如来，西边供奉的是阿弥陀如来，这些佛像连同金堂里的壁画都是日本佛教艺术中的珍品。

金堂和回廊的立柱也别具一格，上下收紧、中间高高隆起，卷杀十分明显。这是日本奈良时代以前的飞鸟式建筑常用的手法，但在法隆寺显得更为突出。

五重塔高31.5米，平面呈方形，类似中国的楼阁式塔。这座塔是日本最古老的塔，从样式和结构上能看出受中国南北朝时期佛塔建筑影响比较大。在五重塔的底层，东南西北方向上都有塑像群，数量庞大。这些塑像价值极高，光是被列为国宝的就多达80尊。这些塑像群并不是单纯地摆在一起的，而是彼此之间有互动的，演绎着佛教中的故事。比如东边的塑像群中，文殊菩萨正在和维摩居士做问答；西边是印度诸国王在释迦牟尼去世之后分舍利的场景；北边是佛祖圆寂之后诸弟子悲伤的场面；南边是弥勒之净土。除了塑像之外，塔里还有壁画，但剥落现象十分严重。这座塔里面文物众多，加上光线极差，所以禁止游人入内参观。

法隆寺西院的中门非常有特点，日本寺院正门面柱间数多为奇数（即有

偶数根柱子），而这个中门却正中立柱，柱间为4间。这样的结构在早期中国建筑中也曾有过，但后来不再使用。中门进深3间，采用重檐歇山顶；内侧安放着两尊立像，是两位金刚力士。中门在过去是西院伽蓝的正门，现在为了保护已经不再允许人们从这里进出。

中门东侧的钟楼建造于平安时代，西侧的经藏建于奈良时代，里面供有观乐僧正坐像，不对外公开。

法隆寺的东院建于739年，曾经是圣德太子族群居住的斑鸠宫遗址。东院的建筑以梦殿为中心，四周环有回廊，回廊南边是礼堂，北边是绘殿和舍利殿，再北边是传法堂。

梦殿建于太平时代，是一座八角形建筑，里面供奉着多尊佛像，其中以同圣德太子等身大的观音像最为有名。其他佛像也都非常珍贵，多座被列为国宝。梦殿北边的绘殿和舍利殿是镰仓时代的建筑，传法堂起初是圣武天皇夫人的居住地，后来改造为佛堂。传法堂里面有很多佛像，有奈良时代的干漆造阿弥陀像三尊，有平安时代的木造四天王立像、药师如来坐像、释迦如来坐像、弥勒佛坐像、阿弥陀如来坐像等，都是重要文物。传法堂不对外开放。

除了以上提到的这些建筑之外，法隆寺东院还有镰仓时代建的南门和四角门，以及钟楼，都是重要文物。

除了西院和东院，法隆寺内还有很多其他子院，子院是附属寺院的别称。法隆寺的附属寺院众多，有名的建筑物也很多，比如旧富贵寺罗汉堂、北室院本堂、北室院太子殿、北室院表门等。

对日本建筑来讲，法隆寺在美学上有独特的开创和贡献。虽然飞鸟寺和四天王寺在历史上要比法隆寺更古老，但是它们的建筑布局是从同时期的新罗引入的中国式建筑布局。而法隆寺的布局方式，即塔和金堂分列左右但并不对称的样式，无论朝鲜还是中国都未曾有过，独具一格，对日后日本佛寺建筑影响很大。

第六节　东大寺：日本寺院的总寺

自7世纪日本开始向唐朝派遣唐使后，中日交流日益频繁。当时世界第一的唐文化不再需要经过朝鲜半岛便可以直接从中国传入日本。此时日本开始以大唐长安为范本兴建都城，先后建设了藤原京、平城京和平安京等。其中平城京即今天的奈良，就是当时的首都。在大举修建平城京的同时，佛寺建设也大规模展开，其中最浩大的工程莫过于8世纪二三十年代开始修建的东大寺。

东大寺由当时信奉佛教的圣武天皇发愿建造，目的一方面是为了供奉佛教三宝以求国泰民安，另一方面为了彰显国家实力。整个工程几乎汇集了全国的劳动力，工期长达20年。在752年举行的庆祝仪式上，天皇、皇后、朝廷大臣、来自各地方的代表等全都出席，足见东大寺作为国分寺总寺的重要性。直到今天，东大寺仍然是奈良寺院建筑中最重要的一座，是日本华严宗大本山，每年来此参拜的参观者数不胜数。

东大寺占地525万平方米，四周建有围墙，从南往北，南大门、中门、金堂（即大佛殿）、讲堂依次布置在中轴线上。回廊连接中门和金堂，东塔、西塔分别立在中门前左右。南大门是整个寺庙的入口，重檐歇山顶，高约25米。整个大门由18根高达21米的圆木支撑，门口立着传统的守门神金刚力士的塑像。东大寺的南大门宏伟坚固，是日本少数现存的充满力量感的纯大佛样建筑。

东大寺内最有名的建筑莫过于金堂，也称大佛殿，面阔11开间，宽88

米，进深52米。大佛殿之所以有名，是因为里面安放着一座著名的铜佛像。这尊铜佛像建成于749年，雕塑家是朝鲜人公麻吕。这尊铜佛像高22米，佛像脸长5米，宽3米，光是眼眶就长1米，座下的莲花宝座直径20多米，每个花瓣有3米大小。当初为了铸造这尊铜佛，用掉了437吨铜（据说用掉了全国的铜）、150公斤黄金。铜佛因为体积巨大，所以铸造难度极高，据记载前7次铸造都以失败告终，第8次才成功。整个大佛分成若干部分，每一部分单独铸造，然后再拼接到一起，最后镀上金层。其很多铸造的细节工艺，在今天看来仍不可思议。

大佛安详地坐在那里，头发呈蓝色，这是天外的象征。头发梳成发卷，共有966个之多，额头上还有一颗痣。佛的右手掌心朝外，这是在向众生施福。在铜像后面，有一个巨大的光环，为木制，外面镀了金。这光环上面有真人大小的佛像16尊，象征着铜佛像的前生。整个铜像内部是中空的，由木结构的系

▲奈良的东大寺

统来支撑。铜佛身下的莲花宝座非常壮观，共分56个花瓣，每个花瓣高3米。在佛教中，莲花是纯洁的象征，寓意战胜邪恶，消除杂念，获得解脱。在莲花宝座上，绘有众多佛教和神话题材的图案，另外还有很多宗教和世俗的铭文。大铜佛坐像两侧分别有一尊菩萨佛像，高度有大铜佛的一半。自从佛像立起之后，每天来上香拜佛的人便络绎不绝，千百年来一直香火不断。

　　同日本很多寺庙建筑一样，东大寺历史上也没能幸免于火灾和战乱。1180年，东大寺在内乱中失火，巨大的寺院几乎全部被毁。1181年，僧人重源奉命负责重修东大寺，如今的南大门就是那个时候重修的，参考的是当时从中国传过来的宋朝建筑式样。1567年，东大寺再次发生大火，包括大佛殿在内的部分建筑被烧毁，铜佛像失去了挡风遮雨的庙堂，在风雨中端坐了100多年，直到1705年，大佛殿才重建起来。但后来又在明治排佛运动中受到损毁，直到1907年才实施维修。不过，在数次的重建过程中，大佛殿规模比最初有所缩小，从面阔11开间，变为今天看到的7开间，同时也混入了其他的样式。

第七节　平等院凤凰堂：极乐净土的再现

　　9世纪末，唐朝到了末期，日本停止向中国派遣唐使，这间接促进了日本本土建筑的发展。此时的日本，都城从平城京迁至平安京，即今天的京都。佛教净土宗开始在日本的王公贵族中流行，他们纷纷在自己的宅邸和别业中建造阿弥陀堂，邀请和尚前来诵经，以期超脱现世的"秽土"，到达西方极乐"净土"。这一类建筑建造精美，周围被园林环绕，代表了当时日本建筑和工艺的最高水平。其中最杰出、最具代表性的就是建于平安时代晚期的京都府宇治市的平等院凤凰堂。

平等院地理位置极佳，依山傍水。9世纪末，这里最初是《源氏物语》的主人公光源氏原型左大臣源融的别墅，10世纪末成了当时摄政大臣藤原道长的别院。道长死后，他的儿子藤原赖通接手了这个别墅，并在1052年将其改建成了寺院，次年阿弥陀堂，即后来所称的凤凰堂建成。

同大部分寺院中的佛殿面朝南向不同，凤凰堂打破了南面为尊的原则，坐西朝东。这样的朝向是为了与周围景观相协调。一方面，在平等院的东侧是宇治川，最初建这个寺院时，藤原赖通就引宇治川的河水造凤凰堂前的阿字池。凤凰堂面朝东面，可以看到宇治川的清流，以及对岸苍翠的朝日山。当宇治川的水位上涨，将凤凰堂浸入水池，形成水中楼阁，与周围景色相互辉映。另一方面，平安时期流行的净土式庭院以水划分出现世和彼岸，凤凰堂位于阿字池的西面，也表明它象征着西方极乐世界。当时的人们在池对岸代表现世的"小御所"（今已不存在）中进行参拜和眺望。

▲ 寺院园林平等院

这座佛殿的平面图很像一只展翅飞翔的凤凰，正殿是凤凰的身子，左右两边的回廊是凤凰的翅膀，后廊是凤尾，中堂屋脊上还有两尊金铜塑造的凤凰，江户时代这里改名为凤凰堂。

凤凰堂的型制采用的是平安时期贵族宅邸常用的"寝殿式"。正殿面阔3间，宽10.3米，进深2间，深7.9米；采用歇山顶，四周有一圈副阶廊子环绕，形成正面5间、侧面4间的重檐外观。同时檐廊正面中央一间升起，更加衬托出正门。从形体上看，线条流畅又富于变化。正殿左右两边各伸出一侧廊，展开4开间，然后折而向前伸出2间，前端用悬山顶。侧廊上下两层，在转折处升起一座小楼阁，小楼采用攒尖顶，更显得整座建筑富丽堂皇。正殿之后，向西还延伸出一个通向林地的7间尾廊。凤凰堂上有很多镀金的铜饰，屋檐上、房门上都有，其中正殿正脊上的两尊金凤凰最为有名。

凤凰堂不但外形秀丽，里面的装饰同样精彩，无论雕塑、壁画，还是其他饰物，都美轮美奂，是一座当之无愧的艺术殿堂。堂内供奉着阿弥陀如来像，此佛像为坐像，面向东方，佛像周围有《九品来迎图》《极乐净土图》装饰，墙壁和朱红色的大柱，以及梁檐上都有佛教内容的壁画装饰。其中，佛堂大柱上的壁上唐草云纹，梁檐上的各式飞天，以及51尊云中供养菩萨像，都是精品中的精品。这些形式各异、载歌载舞的飞天，门和墙壁上的佛经故事，神采飞扬的菩萨像，营造出一种亦真亦幻的氛围；再加上堂外环绕的静水，显得十分庄重，非常符合迎接阿弥陀降临净土的主题。

凤凰堂作为平安时代最精美的建筑，代表了当时的贵族对于极乐世界的向往和想象，也反映了贵族社会的奢华生活。由于火灾、战乱等原因，平等院在历史上也经历过多次修缮，不过凤凰堂却运气极佳，建成以来罕有厄运，直到1670年经历第一次大规模修缮。历经千年，平等院凤凰堂见证了众多日本历史事件，于1994年被联合国教科文组织列为世界文化遗产。如今日元中的10元硬币和10000元纸钞背面都有凤凰堂的图案，可见它在日本的重要

地位以及人民对它的喜爱。

第八节　金阁寺：京都美丽的"黄金屋"

从平安时代末期开始，日本天皇的中央政权开始衰落，武士阶级开始崛起。1192年源赖朝受封"征夷大将军"，在镰仓建立幕府，拉开了日本的幕府时代，天皇变成了有名无实的宗主。在幕府时期，中国建筑文化的影响虽然还在持续，但日本本土创造出来的风格也得到了进一步的发展。同样在这一时期，佛教的禅宗从中国传入日本，受到了武士阶级的推崇，在日本迅速发展，建造了一批禅宗寺院。金阁寺就是室町幕府时期建造的一座重要的禅宗寺院。

金阁寺位于京都市北区，建于应永四年，即1397年，本名鹿苑寺，但因为寺院最重要的建筑舍利殿外墙包以金箔装饰，所以被称为"金阁寺"。鹿苑寺起初并非一座寺院，在镰仓时代，这里是西园寺家的宅邸，被称为"北山第"，十分繁华，但是在很长一段时间内因为缺乏修缮，逐渐荒落。1397年，室町幕府第三代征夷大将军足利义满用位于河内国的领地与西园寺家交换，得到了这块地方，开始大兴土木，为自己建造别墅。足利义满将这处住所改名为"北山殿"，并将新建的舍利殿作为自己修禅打坐的场所。足利义满去世之后，足利义持满足了父亲的遗愿，将北山殿改为一座禅寺，以父亲的法号"鹿苑院殿"命名，便是鹿苑寺。

1467年之后的10年内，日本发生应仁之乱，鹿苑寺没能躲过一劫，大部分建筑被焚毁，万幸的是主体建筑舍利殿得以幸免。作为唯一被保留的鹿苑寺建筑，舍利殿被日本政府列为国宝，加以保护。但是，舍利殿终归没能躲过一劫。1950年，一位21岁的见习僧人在寺内放火自焚，将舍利殿全部烧毁，里面的众多名贵国宝也都化为灰烬。1955年，舍利殿按照原样重新复建。1987年，舍利殿的外墙上用金箔装饰完毕，重新成为"金阁"，也就是我们今天所见的模样。

　　舍利殿最大的特点除了金碧辉煌之外，还在于它是日本众多建筑风格的完美结合。在这座临池的三层阁楼状建筑中，底层的"法水院"继承了当初平安时代贵族常用的"寝殿造"建筑风格，为空心殿，供参禅之用；二楼的"潮音阁"保留了镰仓时期的建筑风格，是一种武士常用的建筑风格，内部供奉观音；三楼的"究竟顶"则源自唐朝，是禅宗佛殿常用的模式。阁楼顶端呈宝塔式，一座金凤凰安坐在塔顶。

▲金阁寺　金阁寺始建于1397年，原为足利义满将军（即动画《聪明的一休》中足利将军的原型）的山庄，后改为禅寺

　　舍利殿围绕一个水陆皆宜的回游式庭院布置。在殿前，有一个名为镜湖池的池塘，与舍利殿交相辉映，尤其是金碧辉煌的舍利殿倒映其中的景象，更是京都市的一大美景。另外，舍利殿因为四周用明柱，墙体少的缘故，从外形上看像是一座大船，加上前面的镜湖池，更像是一座水中建筑，别有风味。镜湖池中，有表现佛教世界的鹤岛、龟岛等岛式景观。庭院还用了借景的手法，将远处的山丘、京都西部和北部的平缓山脉的景色都纳入园中的构图当中。因此，金阁寺的庭院是室町时代最具代表性的庭园，更是成为日后日本庭园效仿的典范。

　　金阁寺，原本是住宅式建筑，后改建为佛寺，既是室町时代庭园建筑的代表，也是当时佛寺建筑的典范。从外在看，金阁寺金碧辉煌，华丽壮观，但是它又呈现出一种低调、庄重的内涵，与佛教宗旨十分契合。通过金阁寺，人们可以详尽地了解当年日本人的审美和品位。如今的金阁寺已经成为日本宝贵的文物，是去京都必去的旅游景点。

第十二章

文化与宗教的聚合——南亚建筑

古印度是世界四大文明古国之一，有古老灿烂且独特的文化。这里是佛教和婆罗门教的发源地，历史上还曾受伊斯兰教政权的统治，所以宗教建筑众多，并且风格多样，有佛塔，有石窟，有清真寺，还有供奉众多神灵的神庙。作为古国，自然少不了古城和豪华的帝王陵墓，比如莫卧儿王朝时期的法塔赫布尔·西格里城，以及同一时期的泰姬陵等，都是印度建筑的代表作。

第一节　桑奇大塔：印度孔雀王朝时代的佛塔

桑奇大塔是印度历史最悠久的佛教建筑，位于中央邦首府博帕尔附近的桑奇村。作为印度著名的历史文化古迹，因为其重要的历史价值，已经被列入联合国教科文组织的世界历史遗产名录。

公元前3世纪的阿育王时期，印度佛教兴盛，被尊为国教。阿育王本人也信仰佛教，传说他在位期间修建了成千上万座佛塔，但是除了桑奇大塔等少数几座之外，保留下来的寥寥无几，这也使得桑奇大塔更加珍贵。

据说桑奇大塔是在一座小塔的基础上改建而成的，建于公元前2世纪—公元前1世纪。从外形上看，这座大塔呈半球形，塔顶有一个带围栏的四方形建筑，是一个神祠。大塔不是直接建在地上，而是有一个圆形的台基，台基直径31米。在台基之外，还有一层环道，这条环道是为信徒准备的。在大塔的南面，设有台阶。以前，大塔被涂为白色，环道和外面的大门则被涂为红色。最初的时候，这座大塔并非是一座孤零零的建筑，这里还有一座寺庙，大塔是寺庙的一部分，用来存放佛陀的舍利和遗物。但是，这座寺庙是木结构的，经不起时间的风吹雨打，最终泯灭于世间，只留下了这座大塔。

这座大塔同很多佛教建筑一样，形式有宗教的寓意：半球形代表着天穹；塔顶的神祠寓意穆拉圣山；神祠中间立着一根顶杆，向下贯穿了整个塔身，插入台基，向上直指天空，顶着三层伞盖，这根顶杆象征着世界中心，而三层伞盖则象征着佛教中所说的三界。桑奇大塔从外形上看，似乎就是一个普通的圆形建筑，但是它身上体现出的那种神秘的宗教气氛，让它千百年

▲桑奇大塔

来一直受到人们的崇拜。

在大塔的四周，建有围墙，这些围墙是用石头堆砌的，没有经过任何装饰。桑奇大塔的外墙大门被称为古印度建筑艺术中的精品，这座大门的形象如今已经成为印度的标志，在大街小巷或者旅游册子上面随处可见，甚至被印到了纸币上。

这座大门的形式很简单，两根门柱上面有三道门梁。形式虽简单，但门柱和门梁的四个方向上都被精美的浮雕和雕塑覆盖。这些雕塑的内容丰富多彩，涵盖了宗教、历史、传说、民俗等各个方面，完整再现了当时人们的信仰和社会风貌。在这些雕塑作品中，佛陀以不同的形象出现，像是在体会人间的疾苦。一些故事能明显看出来是在传播佛教的教义，但是其中又夹杂着传统的印度神话故事。这些浮雕中，一些有佛教象征的事物大量出现，如法轮、荷花等，也有很多动物形象，如大象，但真正让人惊叹的还是那些现实中没有的事物，如会飞的狮子。

桑奇大塔正门上的浮雕和雕塑作品意义重大，人们从中可以看到，公元前1世纪的时候印度的石雕艺术已经如此精湛。这些石雕中出现的人物形象成为后来石雕作品的标准，比如树神药叉女，此后几百年间印度石雕作品中的女性形象都以她为标准。

桑奇大塔风格简约朴素，而这座被浮雕和雕塑覆盖的大门则繁复精致，两者相映成趣，别有一番风味。人们举行仪式的时候，会从这座大门下进入，然后在塔身四周绕行，最后登上高台。

第二节　印度石窟建筑：佛教文化与艺术的遗迹

古代印度的石窟建筑非常有名，并且伴随着佛教一起流传到了中国，对中国乃至东亚的石窟建筑都有深远影响。迄今为止，印度仍旧保留了众多石窟建筑，堪称一座座艺术宝库。

巴拉巴尔石窟群位于比哈尔邦格雅城北面，是印度最早的石窟群，开凿于公元前3世纪，当时的印度处于孔雀王朝统治之下。洛马沙梨西石窟是这个石窟群中最具代表性的石窟，能体现当时印度石窟的特色。兴建石窟之前，佛寺都是传统的木结构，所以最早的石窟也是仿木结构开凿的，甚至还刻了梁柱等。洛马沙梨西石窟门高4米，门楣上刻着一幅生动的浮雕画，起到装饰作用，题材是一群大象在朝拜一座佛塔，雕刻得非常精致。

后来石窟越来越多，形式也越来越复杂，这些石窟主要分为两类：一类是用来拜佛和举行仪式的，被称作"支提窟"，作用相当于普通寺院中的佛殿或者经堂。支提窟一般带有拱顶，呈长方形，长方形尽头变为半圆形，半圆里面设有窣堵坡，用来埋藏佛骨。还有一类是用来给僧人居住和静修的，被称为"精舍"。精舍的结构一般是中间设有一个方形大厅，进入大厅需要经过门廊，大厅中央设有一个佛堂，大厅四周开凿出许多石室，供僧侣居住和静修。

　　一般的石窟中，支提窟和精舍往往是配套的。巴查石窟是印度石窟的代表作之一，位于孟买东南部，这里有最早的支提窟建筑。这座石窟开凿于公元前2世纪，支提窟的大堂深21米，宽9米，高8米，大殿内矗立着27根八角形石柱，每根高4米。柱子上面承托着一个拱顶，长方形大殿尽头的半圆中立着一座佛塔。除了支提窟外，巴查石窟里面也有给僧人居住的精舍。

　　除了巴查石窟之外，印度石窟中比较有名的还有卡尔利石窟、阿旃陀石窟和埃洛拉石窟等。

　　卡尔利石窟位于孟买东南，以大佛殿最为出名。卡尔利石窟大佛殿深38米，宽14米，高13.7米。大殿分为中堂和两边的侧堂，中堂和侧堂用石柱分

▲印度的石窟建筑

隔开来。这些石柱高5.4米，形制优美，底端刻着莲花，上面刻有动物和人物像。卡尔利石窟的门面也非常气派，门前立着两根石柱，底端刻着莲花，并有4只立足的狮子。当初狮子上面放置有铜制法轮，现已不见。大门和大殿之间的门廊高18米，墙壁被浮雕装饰得满满的，精美又大气。

阿旃陀石窟位于印度西南部的瓦古尔纳河谷，整个石窟群共有29座石窟，开凿在峭壁上，俯瞰着美丽河谷。这个河谷风景优美，从公元前1世纪开始就有人在这里开凿石窟，延续了上百年。阿旃陀石窟的特色是拥有众多的石雕佛像和壁画，壁画题材以释迦牟尼生平故事为主。第十九号窟的支提窟内部装饰繁复华丽，石柱上满是雕刻和壁画，结构上也多仿制木结构建筑，体现了那个时代的石窟工艺水平。

埃洛拉石窟位于印度马哈拉施特拉邦，也是开凿在高高的峭壁上，石窟群共有石窟34座，每一座之间几乎相连，加起来共有2000米长。在6—10世纪这段时间内，印度文明繁盛，埃洛拉石窟群便是在这段时期内开凿的，所以无论从建筑上，还是工艺上来讲，它都体现了印度石窟的最高水平。埃洛拉石窟群的特点在于工艺精湛，保存完整。埃洛拉石窟中除了常见的支提窟和精舍外，还设有门厅、休息室、大厅、书房等厅室，有的石窟开凿前后要花费一百多年。此外，埃洛拉石窟在精神上对印度人也非常重要，印度虽然宗教众多，关系复杂，但是相互之间能够和谐相处，一个代表便是埃洛拉石窟的大殿同时被佛教、婆罗门教和耆那教奉为神殿，这座大殿也被印度人视为容忍和宽恕的象征。

印度的石窟建筑伴随着佛教传入中国，从而对中国的石窟建筑产生了巨大的影响，其中最为有名的莫高窟便是一个很好的例子。虽然中国的石窟有自己的特色，但是在很多方面追根溯源，都能在印度石窟中找到影子。

第三节　布里哈迪斯瓦拉神庙：13万吨花岗岩建成的古建筑

坦贾武尔是印度东南部泰米尔纳德邦的一个区行政中心，在古时候这里曾经是朱罗王朝的首都，是印度南方有名的古城。在坦贾武尔城里，矗立着一座古老的神庙——布里哈迪斯瓦拉神庙。粉红色石料砌成的庙门，传统的印度金字塔式塔楼，覆盖满浮雕的庙宇，近千年间，这座庙宇一直稳稳地立在这里，俯视着这座城市。

9—12世纪的三百多年，是朱罗王朝最繁盛的时期，布里哈迪斯瓦拉神庙便是建于这段时期内。据史料记载，神庙于1003年开工，1010年完工。从外面看，这座神庙蔚为壮观，是朱罗王朝强盛的体现。神庙内外有两道墙，外墙下面有一条壕沟，里面注满了水，有点像护城河。壕沟上面有桥，过了桥，进入石门，就来到了庙宇的院落里。院落里面用石头铺了地面，四周的建筑有些偏矮。在内墙的护壁上，有许多舞女的石雕，这些舞女保持着婀娜的舞姿，安静地立在那里。

神庙的主体建筑是金字塔形的寺庙塔楼。这座塔楼看上去粉色和灰色相间，立在那里非常雄伟，有一股不可冒犯的气势。塔楼看上去结构严谨，每一部分都衔接得天衣无缝，十分和谐。这座庙塔有13层之高，但是整体上仍旧呈金字塔形。底层的长方形台基四周遍布着雕饰，一些浅浅的雕饰刻在壁龛内，也有一些很大的雕饰被刻在显眼处，尤其是湿婆的神像。

在神庙的内部墙壁上，有朱罗王朝时期的古老壁画。这些壁画的主要色彩有深棕色、白色、黄色和绿色，因为时间久远的关系，很多色彩都已经脱

落，不过壁画的线条还在。壁画的内容很丰富，有正在起舞的舞女，有头戴
王冠的国王，还有正在沉思的哲人。布里哈迪斯瓦拉神庙在当时不仅仅是一
座庙，也是朱罗王朝文艺繁盛的标志。在神庙的边上，有两条专门的道路，
是为当时神庙里面的舞女修建的，同时神庙里面会定期举行音乐节，由演奏
家来演奏当地流行的音乐。

布里哈迪斯瓦拉神庙身上有很多神秘之处，其中关于宝藏的传说最具
吸引力。因为在朱罗王朝时期，国王常常赏赐给庙里东西，有黄金、宝石，
还有村庄和土地，后来的诸位统治者也都对寺庙十分慷慨，捐钱捐物，所以

▲布里哈迪斯瓦拉神庙建筑

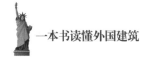

这座神庙成了整个印度南方最有钱的神庙。据说，神庙的地下室里填满了各式珍宝，但是神庙方面既不承认，也不否认，只是不允许外人进入神庙的地下室。

布里哈迪斯瓦拉神庙是一座宗教建筑，也是一座印度历史、文化和艺术的纪念碑。1987年，联合国教科文组织将其列入世界文化遗产名录。

第四节 科纳拉克太阳神庙：太阳神苏利耶的祭祀之庙

在孟加拉湾附近的科纳拉克，离加尔各答400千米远的地方，矗立着一座太阳神庙遗址，名为科纳拉克太阳神庙。这座神庙由13世纪的羯陵伽国王那罗辛诃·提婆建造，是婆罗门教的圣地之一。

那罗辛诃·提婆在位期间，接连取得了对邻国作战的胜利，为了感谢太阳神，同时希望国家能够得到神灵的庇护，他决定修建一座神庙。之所以选址在科纳拉克，是因为这里很早之前就是祭祀太阳的圣地，科纳拉克本身的意思便是"阳光之乡"。经过多年的修建，用掉了成千上万吨花岗岩、玄武岩和砂岩，最终建好了这座神庙。

科纳拉克太阳神庙由两部分组成，如今遗址只剩下东面的部分圆柱大厅，这里是神庙的入口处。神庙中心原本立着一座大塔，被称作"希克哈拉塔"，但是如今这座大塔已经不存在，原因有人说是自然灾害，也有人说是受到了其他教派教徒的摧毁。到了18世纪中期，这个神庙被彻底遗弃，里面的很多雕像被带走，供奉在其他神庙中。

今天看来，虽然这座神庙只有部分遗址残存，但是从整体规模上看，依旧宏伟雄壮。这些遗址高约30米，外观是古代战车的样子。当初这座神庙的外形是按照太阳神乘坐的战车的样子设计的，传说太阳神就是驾驶这辆车，用7匹马驱动，往返天上和人间。遗址的基座上，四个方向都有巨大的车轮雕塑，每个方向有12个巨轮，每个轮子直径约2米。车轮在这里还象征着太阳，象征着规律和永恒，车轮之间的轴则象征着人与人之间的关系，尤其是夫妻之间的关系。

神庙墙上的浮雕和雕塑作品琳琅满目，内容丰富，刻工精湛。动物图案中，大象、马、骆驼等频繁出现，一些场景中能看出那罗辛诃·提婆正在率兵行军，有人在捕鱼和驯象，还有非洲长颈鹿被当作礼品运到印度的场景。狮子在这座神庙中拥有特殊地位，因为它是国王那罗辛诃·提婆的象征，国王名字的字面意思便是"狮人"。据说，在希克哈拉塔没有毁掉之前，它的东边曾经有一座巨大的狮子雕像，不过现在已经不见踪影了。作战中的象群

▲科纳拉克太阳神庙

让人震撼，这些石雕作品的大象非常形象，其中一头大象正在用鼻子卷起敌人的尸体。还有那些战马，有的独立作战，践踏敌人，有的与士兵合作，奋勇杀敌，生动写实。在神庙的四周，有巨大的太阳神石雕像，雕像中的太阳神面露微笑，身上的首饰和衣服精致美丽。在神庙最高处的平台上，有印度古典艺术中最优秀的雕塑作品——女乐师雕像。

神庙的内部，一种绿泥石被用来铺设地板，整个地面略向北倾斜，因为北面有排水沟。圣殿的屋顶是一块巨大的石块，上面被雕刻成一朵巨大的莲花，每一片花瓣中都雕有一个舞女和坐着七匹马拉的战车的苏利耶。神庙里面还有一个宝座，用绿泥石制作而成，是为神庙供奉的主神准备的。宝座曾经被上方的落石损坏，现在还有修补过的痕迹。宝座后面是一个祭坛。宝座的石雕中有动物，也有场景，其中一幅国王朝拜太阳神的图案。

科纳拉克太阳神庙是印度东部的中世纪建筑中成就最高的一座，因为地理位置的关系，被称作"清晨出水的荷花"。1984年，科纳拉克太阳神庙被联合国教科文组织列入世界文化遗产名录。

第五节　胡马雍墓：印度的第一座花园陵寝

胡马雍墓坐落在德里东部朱木拿河畔，规模宏大，布局完整，是印度莫卧儿帝国时期的建筑杰作，也是现存最早的莫卧儿式建筑。

胡马雍的父亲巴布尔是莫卧儿帝国的奠基人，他是一位兼具智慧和勇气的传奇性人物。巴布尔南征北战，于1526年建立莫卧儿帝国，只可惜没等局势太平便去世了。胡马雍是巴布尔的长子，23岁的时候继承父亲的王位，成为莫卧儿帝国第二代领导。胡马雍接手政权之后，为了稳定局势，先后向周边地区发起征战，扩大疆土。起初他的运势还不错，接连获胜，但在1539年和1540年两次败给了阿富汗人，领土尽失，不得不开始了长达15年的流亡生活。后来，在伊朗萨非王朝的帮助下，胡马雍打败阿富汗人，恢复了莫卧儿帝国。可惜好景不长，复国没过多久，胡马雍便意外去世。胡马雍的儿子阿克巴继承王位，并很快稳定了局势，建立起一个强大的莫卧儿帝国。为了纪念自己的父亲，加上古代莫卧儿帝国君主都有修建伟大建筑的嗜好，阿克巴决定修建一座豪华的陵墓，便是胡马雍墓。

　　胡马雍墓于1565年开始修建，主持修建工作的是胡马雍的王后哈克·贝克姆。她是位波斯学者的女儿，在胡马雍流亡期间嫁给了他，对他一往情深，她将对亡夫的爱都倾注到了这座陵墓中。1569年，胡马雍墓竣工。

▲胡马雍墓远景

　　胡马雍墓是一组规模宏大、布局完整的建筑群，整个陵园呈长方形，坐北朝南，四周围墙长约2千米。陵园里面景色优美，草坪、喷泉、棕榈树相互映衬，显得更像是一个花园。

　　陵园的围墙用红砂岩建成，大门是一个阁楼式的建筑，呈八角形，表面上的美丽图饰用大理石和红砂岩拼接而成。胡马雍墓是陵园的主体建筑，这座正方形的陵墓高24米，底下有高大宽阔的台基。在陵墓的四周，有4座大门，门楣上方呈拱形。除此之外，墙壁上整齐排满了两层的小拱门。在陵墓中央，有一个双层的圆顶，是白色大理石构建的。两个大理石拱顶一个在上，一个在下，两层之间留有空间。外层的穹顶中间竖着一个小尖塔，黄色的尖塔金光闪闪，格外显眼；内层的穹顶覆盖着墓室。这样的圆形屋顶是典型的中亚式建筑风格，这也说明当时印度和波斯之间的交往非常密切。

　　在寝宫内部，正中安放着胡马雍皇帝和哈克·贝克姆皇后的石棺，两侧的宫室安放着其余五位莫卧儿帝国皇帝的石棺。寝宫两侧有22米高的八角形宫室，宫室上面有八角形凉亭，凉亭也设计有圆顶，与陵墓搭配。另外，宫室之外还有翼房和游廊。

　　胡马雍墓是典型的莫卧儿风格建筑，无论建筑上精致的装饰、整体花园式的设计，还是那些大型的拱门，都非常有代表性。之后的莫卧儿帝国建筑多少都受到胡马雍墓的影响，尤其是闻名于世的泰姬陵，很多方面都能看到这种影响。

　　另外一点，胡马雍墓巧妙地将伊斯兰教风格和印度教风格融为一体，创造出了一座别具一格的莫卧儿风格建筑，这也使其成为一个里程碑式的建筑。在胡马雍墓中，没有使用伊斯兰教建筑惯用的彩砖，而是多用白色大理石，这是印度建筑的传统，这一点在后来的泰姬陵中也有体现。白色大理石能将建筑衬托得宏伟、庄严，纯洁的白色也与陵墓的主题非常切合。

第六节　法塔赫布尔·西格里城遗址：始建于16世纪的"胜利城"

　　在印度北方邦阿格拉市西南方向40千米的地方，坐落着一座著名的古城遗址，那便是法塔赫布尔·西格里城遗址。因为这座古城在历史上的重要地位，加上古城遗址在建筑和艺术上的价值，1986年联合国教科文组织将其列入了世界文化遗产名录。

　　法塔赫布尔·西格里城修建于16世纪，下令修建这座城池的人是当时莫卧儿王朝的皇帝阿克巴。传说，一位圣人来布道，阿克巴皇帝亲自前往朝圣，并向圣人祈福，希望能够得到一个儿子，圣人满足了他的要求。果不其然，第二年阿克巴皇帝便有了儿子。阿克巴皇帝非常感激这位圣人，不但用他的名字作为儿子的名字，还决定在当初圣人布道的地方修建一座城市，以示报答。1571年，新城完工，阿克巴皇帝决定迁都，将这里作为新的都城。起初这里并不叫法塔赫布尔·西格里，1573年，阿克巴皇帝战胜西印度，便把这座新都城起名为法塔赫布尔·西格里，意思是"胜利之城""凯旋之城"，以示纪念。可惜这个名字并没有带来什么好运，因为水资源匮乏，无法满足人们的生存需要，法塔赫布尔·西格里在1585年便遭荒废，之后的几百年里逐渐成为一处遗址。

　　法塔赫布尔·西格里城建在高原之上，周围和地下多岩石，这样的地理环境也为后来缺水埋下了伏笔，只有在城市的西南方向有一个小的人工湖。城池三面环有城墙，总长达6千米，城墙上方设有塔楼，下方开有城门，城门共7座。从遗址中可以看出，当初修建这座城主要用的是红砂岩，很多地方的装饰

用了白色大理石。

按照功用，可以将遗址划分为清真寺区和宫廷区两大块。清真寺区的建筑以清真寺为主，原本周围还有些小规模的宫殿等建筑，不过都已经随时间风化倾倒，不得见其原本面目。这座清真寺建于1571—1572年，被称为达加清真寺。该寺规模庞大，可容纳一万名信徒同时做祷告，在当时是印度数一数二的清真寺。寺中另有被浮雕装饰的墓碑，以及用大理石装饰的圣庙，其中一座庙便是求子庙，与当年阿克巴皇帝建立该城的初衷吻合。

从清真寺往东北方向看，便是宫廷区。昔日的皇宫三面环绕着宫墙，总长达3千米。皇宫内建有觐见宫、五层宫、土耳其苏丹宫等多座建筑，另有带水池的庭院，供人游赏。觐见宫以精巧著称，雕梁画栋，题材以花草为主，笔法和刀法都让人称叹不已。殿堂中央放置着皇帝的御座。此外，殿外四周还设有门廊。五层宫虽然名叫宫，其实更像一座塔，共有5层，站在最高层的

▲法塔赫布尔·西格里城　这是一座融合了印度教和伊斯兰风格的壮美宫殿，内部雕刻历经沧桑依然保存完好

凉亭下可以一览整个古城的美景。那些屋顶有绿色琉璃瓦的宫室是妃子们居住的地方，也非常有特色。

　　除了上面提到的这些建筑之外，法塔赫布尔·西格里城内比较著名的遗址还有很多，比如班杰默哈尔。这是一座4层的古堡，从样式上看像是一座佛塔。这座建筑外表宏伟壮观，内部设计精巧，尤其是那些保存完整的大理石柱，当年的工匠用精湛的刀工在上面刻满了浮雕。这些浮雕题材丰富，既有佛教和印度教的故事，也有伊斯兰教的内容，很好地再现了当年印度诸多宗教和谐相处的景象。很多人都会将这座建筑与著名的泰姬陵相提并论。

　　这座几百年前的古城遗址，无论清真寺还是皇宫，都向人们传递着当年莫卧儿王朝的强大和繁盛，然而什么都敌不过时间，如今只剩下残垣断壁屹立在乱石之中，让人不禁唏嘘感叹。

第七节　泰姬陵：从爱情神话里走出的建筑

　　泰姬陵又被称为"泰姬玛哈陵"，是17世纪莫卧儿帝国皇帝沙贾汗为他死去的妻子修建的陵墓。如今，这座伊斯兰风格的建筑已经成为印度的标志。

　　16—19世纪中期，印度北部存在着一个强大的帝国——莫卧儿帝国，这个国家信仰伊斯兰教。沙贾汗是莫卧儿帝国最强盛时期的国王，1630年，他的爱妻在分娩时死去，沙贾汗悲恸欲绝。后来，他决定为爱妻修建一座陵墓，寄托哀思，这便是后来的泰姬陵。

　　1631年，泰姬陵开始动工，建筑师是有名的拉何利。陵墓的地址被选在

▲泰姬陵　泰姬陵由殿堂、钟楼、尖塔、水池等构成，建筑材料为纯白色大理石，并用玻璃、玛瑙镶嵌，整个建筑绚丽夺目、美丽无比，有极高的艺术价值

了亚穆纳河的转弯处，因为当地缺乏建筑所需的木材和石材，所以第一件要做的事是种树。十年之后，树木成材，拉何利又召集了能工巧匠2万人。这些人来自世界各地，这也是为什么修建好的泰姬陵中能看到各种建筑风格的交汇。不仅仅是建筑师来自世界各地，建筑所需的石材也来自世界各地，比如青金石来自阿富汗，绿松石、水晶和玉来自中国，蓝宝石来自斯里兰卡，玛瑙来自阿拉伯地区。据说，当时莫卧儿帝国动用了上千头大象，昼夜不息地往返各地，搬运这些材料。

在经过了二十多年的修建之后，1653年，泰姬陵宣告完工。建筑主要用料是纯白色大理石，上面镶嵌了多达28种宝石，使得整座建筑特别壮美。泰姬陵南北长580米，东西宽305米，占地约17万平方米，其中主体建筑高70多米。整座建筑由前庭、正门、花园、陵墓主体以及两座清真寺组成。

在花园的中心，有一个显眼的十字形大理石水池，水池中有喷泉，周边种着柏树，在当时这种树喻义着生死。进入正门，一条红色石头铺成的大道通往陵墓。陵墓坐落在巨大的台基之上，这座大理石台基高7米，长95米。主殿坐落在台基中央，穹顶高耸入天，下面的陵壁呈八角形。在主殿的内部，墙上镶嵌着各种宝石，这些宝石按照一定的顺序排列出各种图案。主殿内部有5间寝宫，中间一座最大，里面陈设着两具石棺，一大一小。石棺下面有土窖，里面安葬着沙贾汗国王和他妻子。在主殿中央的大理石石碑上刻着波斯文墓志："封号宫中翘楚泰姬玛尔哈之墓"。

主殿的四周环绕着4座高塔，每座高达40米，这些塔是为伊斯兰教徒朗诵《古兰经》和朝拜用的。这些塔并非直上直下，而是统一向外倾斜12度，这是一种人为的设计。因为这4座塔离主殿太近，为了避免地震中倒塌砸到主殿，所以设计成这个样子，它们只会向外倒。陵墓后面是草坪，最早的时候这里的用处是葡萄园。

泰姬陵修建好之后，凡是见过的人无不被它的壮美震惊，尤其是它倒映

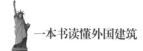

在前面河面中的景象，别有一番风味。沙贾汗国王也为这座建筑着迷，他打算在泰姬陵的对面再修建一座一模一样的陵墓，选用纯黑色的大理石，到时候一白一黑两座建筑交相辉映。

1657年，沙贾汗的儿子篡位，沙贾汗被囚禁在离泰姬陵几公里远的红堡之内。在生命的最后7年里，他每天都遥望着远方的泰姬陵。沙贾汗去世之后，他的儿子将他葬在了泰姬陵中。沙贾汗想要修建一座黑色陵墓的愿望最终没能实现。

时间流逝，历史更迭，遥远的莫卧儿帝国已经不复存在，而典雅、壮美的泰姬陵依旧矗立在那里，伟大的印度诗人泰戈尔曾称赞泰姬陵是"永恒面颊上的一滴眼泪"。如今，这座集当年建筑、艺术之大成的伊斯兰建筑，已经成为印度的象征，也是印度人民的一笔宝贵财富。

第十三章　　梵音袅袅——东南亚建筑

东南亚大多数国家受印度文化影响很深，同样信仰佛教和印度教。起源于印度的这些宗教建筑流传至此，经过东南亚各国人民自己的创造，逐渐形成了自己的民族特色。在这里，有用225万块石头堆砌成的婆罗浮屠塔，有用7吨黄金装饰的仰光大金塔，还有宏伟壮阔、被精美浮雕覆盖的吴哥窟。最终造就了这一区域统一又多变的建筑风格。

第一节　仰光大金塔：用黄金和宝石打造的佛塔

　　仰光大金塔是缅甸最有名的佛塔，与印度尼西亚的婆罗浮屠塔和柬埔寨的吴哥窟齐名，是东方建筑艺术的瑰宝。缅甸人称大金塔为"瑞大光塔"，其中"瑞"的意思是"金"，"大光"则是仰光的旧称。大金塔被缅甸视作民族的骄傲和国家的象征。

　　关于大金塔的起源，一直颇有争议。考古学家认为，这座塔最早建于6—10世纪之间，而一些古籍上则说早在佛祖去世之前这座塔便已经存在了，也就是建于公元前486年之前。还有一种说法，这座塔建于585年，最初只是一座20米高的佛塔，并不起眼，在以后的时间里，历代帝王都对其进行修缮和扩建，才达到了今天的规模。

　　15世纪的时候，德彬瑞体国王拿出了相当于自己和王后体重4倍的金子和宝石，对这座塔进行了一次豪华的装饰。1774年，阿瑙帕雅王的儿子辛漂信王再次修复这座塔，使其达到了112米，并且在塔顶上安装了金伞。在以后的岁月里，这座塔几次毁于地震，但都被修复。

　　大金塔由1座主塔、4座中塔和68座小塔组成。大金塔东南西北四个方向上都有大门，门前有石狮子守门，带有典型的东南亚风格。进门之后，有通往塔顶的石级。这些石级是长廊式的，两旁是小贩的摊位，既有与佛有关的用品，也有各种当地特色的小吃。上了石级之后是一个平台，用大理石铺成，平台中央的主塔中供奉着佛像。这尊佛像由玉石刻成，惟妙惟肖，此外还有一尊罗刹像。

大金塔塔顶上的金伞是塔的一大亮点。金伞上面镶有5000多颗钻石、2000多颗红宝石、500多颗翡翠、400多颗金刚钻。其中塔尖上的那颗金刚钻重达76克拉，星光璀璨。整座金塔的塔顶金碧辉煌，耀眼夺目。

大金塔之所以得名，就是因为塔身被金子覆盖。据统计，大金塔上面所用的金子多达7吨。不仅塔顶宝石璀璨，塔身还被金砖覆盖，就连塔底也是先由砖块砌成，然后铺上金块。大金塔所用的金子既有国王拨付的，也有百姓捐赠的。

大金塔的主塔周边有68座小塔环绕，这些体积偏小的塔样式不一，用料不一，各具形态。有的是石头建的，有的是木料建的；有的像钟，有的像船。每座小塔都有佛龛，里面供奉着形态各异的佛像。另外，塔身下面都有当地特色的狮身人面像雕塑。

大金塔的东北角和西北角都有一口古钟，是18世纪两位在位的国王捐赠的，敲响钟声被视为吉祥的象征。在大金塔的东南角，种有一棵菩提树，据

▲缅甸仰光大金塔

说这棵树之前曾经种在佛祖释迦牟尼的金刚宝座边上。塔身的另外一边有一座中国风格的庙宇，名为福惠宫，建于中国清朝光绪年间，由当地华侨捐款筹建。大金塔的南边是一座陈列馆，里面展示了各地教徒的捐赠物。历经岁月沧桑，这些大金塔周边的建筑物和景致也都成了大金塔建筑的一部分。

大金塔在缅甸人心中的地位非常神圣，尤其是对于信仰佛教的人而言，因为里面供奉着四位佛陀的遗物：拘留孙佛的禅杖，正等觉金寂佛的净水器，迦叶佛的袍子，以及佛祖释迦牟尼的8根头发。每逢重大节日，人们便聚集到这里来拜佛，进入佛塔的时候需要赤脚，无论你的职位有多高，都不能例外。

除了宗教上的意义之外，大金塔也是缅甸历史的见证者。17世纪的时候，西方人第一次对大金塔实施破坏。1824年5月，英军侵占仰光，将大金塔作为司令部。占领期间大金塔损毁严重，塔身下面更是被开洞用作弹药库。在缅甸争取民族独立的过程中，大金塔被当作学生和民兵的驻扎基地。1946年，昂山将军更是在这里发表了著名的宣言，向英国政府表达独立的要求。

如今的大金塔经过一次次修缮之后更加让人瞩目，不仅四个入口和走廊被拓宽，还在四面加装了玻璃电梯，方便人们参观。站在大金塔的顶端，整个仰光市的景色都会尽收眼底，让人在一派金色中感受禅宗对心灵的洗涤，体会缅甸这片土地上的风土和人情。

第二节　婆罗浮屠塔：被弃千年的古佛塔

"婆罗浮屠"是梵文的音译，意思为"山丘上的寺院"，位于爪哇岛中部马吉冷婆罗浮屠村，修建在一个小山丘上。这里距离首都雅加达400千米，

距离日惹市30千米。

婆罗浮屠修建于8世纪，当时夏连特拉王朝首领决定皈依大乘佛教，为了表示虔诚，也有一说是为了供奉释迦牟尼的舍利子，决定修建一座举世无双的佛塔。为了修建这座佛塔，人们搬运来了225万块岩石，其中底层的岩石每块就有1吨重。这些岩石总共达5.5万立方米之多，据说动用的奴隶超过10万，其他能工巧匠不计其数，光是工期就用了七八十年。

婆罗浮屠又被称为"千佛坛"，因为式样的原因，也被称为"印尼的金字塔"。从气势上看，婆罗浮屠非常雄伟，外形像金字塔，但是每一层之间呈阶梯状，上下共分9层。9层中上面3层呈圆形，下面的6层既不是方形，也不是圆形，看上去更接近方形，但是并没有直角，可能是一种建筑样式上的

▲婆罗浮屠塔　婆罗浮屠塔是座宏伟瑰丽的佛教艺术建筑，与中国的万里长城、埃及的金字塔和柬埔寨的吴哥窟古迹齐名，被世界誉为古代东方的四大奇迹之一

创新，也可能仅仅是为了方便信徒们绕着走。

其实说下面6层并不准确，更准确的说法是下面5层加上一个台基。台基之上的5层，每一层都有围墙，形成走廊，里面到处是繁复的雕刻，内容多以表现佛陀生活为主。上面3层则竖立着钟形的佛塔，其中第7层有32座，第8层有24座，第9层有16座，共计72座。这些佛塔都有佛龛，里面供奉着真人大小的佛像。据说摸到这些佛龛内的佛像会给一个人带来好运，所以会有很多人向里面伸手祈福。顶层的主佛塔呈钟形，气势磅礴，直径将近10米，据说最初有42米高，后来被雷击中，只剩下约35米。

婆罗浮屠回廊和栏杆上的浮雕是一大特色。据统计，婆罗浮屠共有浮雕2500幅，全部展开长达4千米。这些浮雕多取材于佛教历史，很多都是关于佛祖生前的故事，这些故事中比较有名的是佛祖降临。在一组浮雕中，佛祖先是跟天神在一起，做好了降临世间的准备，之后出现了他的母亲。这位母亲梦见了自己的儿子，并且知道他将成为世间的拯救者。在第一层到第五层的围廊浮雕中，还保留着珍贵的佛教经典作品《佛传》《本生事》《华严五十三参之图》等。

除了佛教故事以外，这些浮雕的内容中还大量反映了当地人民的生活、生产和风俗，还有一些栩栩如生的动物，如大象、孔雀、狮子，以及丰富的热带植物和水果。正是因为其丰富性，这些浮雕被称作印尼"石块上的史诗"。

婆罗浮屠上的佛像雕刻也是一大看点。这些雕刻共有432座，大都跟真人一般大小，盘腿打坐。这些佛像的朝向一律向外，并且每个方位的佛像动作不一样，其中的蕴意也不一样。

不仅仅是佛像如此讲究，在婆罗浮屠佛教徒的出入方向也有规定，一般是从东边进入，按照顺时针绕行，最终抵达塔顶。这样走寓意人类一步步战胜困难，抵达完美世界。

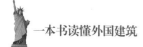

婆罗浮屠尽管如此宏伟，如此有声势，在历史上还是沉寂了很长一段时间。随着伊斯兰教逐渐传入印尼，佛教的影响力越来越小，婆罗浮屠的地位也大不如前。加上婆罗浮屠周边有4座火山，火山灰慢慢将婆罗浮屠掩埋，时间一久，人们也就忘了这处遗迹。直到1814年，当时英国驻爪哇总督发现了这座佛塔，它才重新回到人们的视线中。人们清理了杂草、碎石和火山灰，将这座塔的全貌逐渐呈现出来，漫长的清理和修复工作也由此展开。

我们今天所见的上层3个圆台是20世纪初荷兰考古学家修复的。后来联合国教科文组织发起了一项呼吁，要求各国考古工作者提供帮助，解决婆罗浮屠面临坍塌的危险。最终有27个国家提供了帮助，用了将近十年的时间对婆罗浮屠进行修复，将一些不在原来位置上的石块复位，前后共挪动了超过100万块石头。20世纪90年代初，婆罗浮屠被列入了世界文化遗产名录。

第三节　女王宫：不容错过的"吴哥王朝珍珠"

女王宫位于柬埔寨暹粒省，是柬埔寨三大圣庙之一，距离吴哥窟较近，被称为"吴哥古迹中的明珠"。女王宫建于967年，完工于1002年。这座庙宇在当时身份非常特殊，因为它是当时唯一一座不是由国王发起建造的宫殿。女王宫的建造者是当时的一位大臣，据历史记载，这位大臣是位学者，同时乐善好施，喜欢救助贫困百姓。

那其为什么叫女王宫呢？说法有很多。一种说法是，女王宫与吴哥当地的其他遗迹相比较，明显偏小，是以小巧精致著称的，所以有人管这里叫"女人的城堡"，后来演化成了"女王宫"；一种说法是，女王宫向来以明艳的色彩和精致的浮雕著称，这些色彩和浮雕不像是出自男人之手，所以人们认为这座建筑当初是由女人建造的，尤其是上面精美的雕刻，都是出自女人之手，所以将这里称为"女王宫"；还有一种说法，在吴哥王朝时期，因为经常同邻国发生战争，为了保险起见，便建了这所宫殿，用来藏匿后宫的妃子，所以其被称为"女王宫"。

女王宫的建筑规模不大，长200米，宽100米，但是布局整齐，别具风格。同当地多数的庙宇一样，女王宫也是面向东方，城周围有护城河围绕。女王宫的主体建筑由3层院落组成，内外有3层围墙。神庙位于最内层的院落内，主体建筑为3座中央塔以及两座藏书室。院落的所有外墙上面都有精美的雕刻。

从东边的大门进入第一层院落，大门到中门有一条50米长的大道，路两边矗立着两排对称的石柱，高达2米。进入第二层院落的时候，围墙上面开有3个拱门，中门两侧各有石柱一根，都做了镂花处理，门楣上有关于战争的武

▲女王宫 女王宫以精致小巧而著名，整座建筑物都是以粉红色的砂岩建成，在光线的照耀下美轮美奂。不管从整体的建筑还是细部的雕刻来欣赏，都让人惊叹

士雕像。进入第三层院落的时候，同样有石拱门，也都有镂花处理的石柱以及浮雕。第三层院子里是庙宇，也是女王宫的核心地区。第三层院落里有一座1米多高的台基，3座钟形塔都建在这座台基之上。这些塔呈朱红色，每座塔开有3个门，分别在东、南和北三个方向。这些门比较低矮，只有1.2米高，为的是让所有进入的人都屈膝弯腰，以显示虔诚。每座门前都有石雕的守护神守卫，气象森严。不仅是底下的门，上面每一层的每一个门口前都有守护神，外形怪异，有的像猛兽，有的像天神。这三座塔以中间一座最高，约有10米，供奉的是湿婆神；南边一座供奉的是梵天神；北面一座供奉的是毗湿奴神。

女王宫建筑的用料以红砂岩为主，区别于吴哥窟的灰砂岩。红砂岩色彩艳丽，同时质地柔软，可以像木头一样被随意雕刻。这也是女王宫雕刻如此多的主要原因。除了红砂岩之外，红土也用得很多。红土在色彩上与红砂岩相似，风干后同样坚固，并且同样易于塑造。

浮雕是女王宫最大的特色之一。首先，这里的浮雕多，多到什么地步呢？只要你走进女王宫，无论围墙上、立柱上、门框上，还是里面的佛龛中，甚至塔身上，浮雕无处不在。整个女王宫都处在浮雕的包裹之下。其次，这里的浮雕手艺精美。通过这些浮雕，我们得以窥见当年能工巧匠们高超的手艺，如此繁复的造型，如此流畅的刀工，如此柔美的曲线，即便是在今天也难以复制。有的专家甚至因此怀疑女王宫的建造时间，他们认为当时手工艺人的雕刻水平不可能达到这样的高度。最后，这里的浮雕内容极其丰富。女王宫浮雕的内容极为丰富，从生活场景到战争场面、神话传说、宗教故事等，无所不有。女王宫的浮雕就像一本教科书，记录了当时的历史。

女王宫同其他当地建筑一样，没有摆脱屡遭损毁的命运。女王宫在建成之后不久便进行了扩建和改造，但是到了14世纪之后被遗弃。到了20世纪初期，人们才注意到这件艺术精品。1923年，一位法国作家从女王宫里偷走了四件女神像，后来这位作家被逮捕，偷来的女神像也被送回了柬埔寨。这个案子在当时很轰动，人们由此才对女王宫感兴趣，开始对其进行清理和修复。女王宫的修复工作一直持续到今天，加装排水设施，保护周边环境，并复原了一些被损毁的遗迹。

第四节　瑞西光塔：蒲甘王朝的开国之塔

瑞西光塔位于缅甸伊洛瓦底江河谷的蒲甘城，这里在过去曾经是缅甸的国都。当地矗立着上千座佛塔，大小不一，各具特色，其中最有名的便是瑞西光塔。

1044—1077年，阿奴律陀国王在位，接连取得对外作战的胜利，缅甸国家政局稳定，国力逐渐强盛。正是在这段时间里，依靠着战争掠回的大量工匠，伊洛瓦底江河谷上修建起了上千座佛塔，这样的风气延续了好几百年。1084—1112年，江喜佗王执政，瑞西光塔就是在这段时间里修建起来的。在当时，修建这样一座大佛塔是全国的盛事，瑞西光塔也不例外。

瑞西光塔又被称为小号的"大金塔"，与著名的仰光大金塔不但在外形上有些相似，并且同样是表面全部镀了金。同仰光大金塔一样，瑞西光塔也不是一步建成的，在原先的基础上历代国王都会对它进行扩建和镀金，最终瑞西光塔成为蒲甘城里最大的建筑，金光闪闪，壮丽辉煌。

瑞西光塔的四周有砖建的围墙，围墙四边分别开有大门，这些门上都有装饰性的小塔，再就是传统的守门神兽。这些神兽张着大嘴，露出獠牙，面貌狰狞，脖子上系着铃铛，又显出调皮的一面。东侧大门的石柱上雕刻着古老的当地语言，记载了瑞西光塔的修建过程。南侧大门门前有一条大道，直通蒲甘城，当初这条大路两侧摆放着神兽雕像，只有很小的一部分保留到了今天。

瑞西光塔建在三层巨大的台基之上，底座是八角形的，层层叠加。在过去，虔诚的信徒来这里朝圣会绕着塔的台基按顺序绕行，一般是按顺时针绕行，在佛教中这样做是表达对佛的敬意。在瑞西光塔边上有专门的石板路，十分宽阔，是为绕行的信徒专门修建的。在塔身周边，建有很多小型神庙，这些小神庙的样式同瑞西光塔相似，尤其是塔尖的样式。底层台基上绘有图案，都是佛教题材的故事。

在塔基周围有很多铜制的树木，上面的叶子都是镀过金的，这些树被称作"天堂树"。树下面是被称作"卡拉萨"的器皿，是供奉神的时候专用的。在当地传说中，人类曾经生活在一个美好的时代中，在那里，人不需要工作，饿了自会有果子从树上落到嘴里。现在那个时代已经一去不返，而那

▲缅甸瑞西光塔

些结果子的树被人们做成了"天堂树"。

瑞西光塔四周围绕着很多其他建筑，多是用木头和石头建成的，有凉亭，还有神殿。神殿被设计成多层屋顶的样式，每一层上都刻满了纹饰。此外，石刻的神兽也是一大特色，它们分布在四周，起到守护作用；除了佛教神像之外，这里还有三十多尊其他宗教的神像，反映出了当地各种宗教相容的景象。

瑞西光塔所在的瑞寿宫寺是当地最大的宗教建筑之一，里面因为藏有众多圣物，比如佛祖的额骨和牙齿等，受到众多信徒的崇拜。瑞西光塔是中世纪缅甸建筑作品中的典范，人们通过今天的瑞西光塔和瑞寿宫寺，能真实感受到当时佛教的兴盛和建筑工艺的高超，每年到这里来参观的人数不胜数。

第五节　吴哥窟：穿越千年的"寺庙之城"

吴哥窟也被称为吴哥寺，位于柬埔寨西北部，是世界上最大的庙宇，建筑宏伟壮观，浮雕精美丰富，1992年被联合国列为世界文化遗产名录。柬埔寨的国旗上有吴哥窟的标志，可见它对这个国家的意义。

12世纪中期，真腊国王苏利耶跋摩二世在吴哥定都，因为他信奉毗湿奴，所以希望能建一座规模宏大的建筑，既作为寺庙，又作为都城。后来婆罗门主祭司地婆诃罗为他设计了这座建筑，并经过几十年的修建，最终建成。建成之初，吴哥窟被称为"毗湿奴神殿"。在接下来的几百年里，随着国王改信佛教，吴哥窟成了一座佛寺。

　　1431年，真腊国因为暹罗入侵，迁都到了金边，吴哥窟被遗弃。在接下来的两三百年里，没有人居住的吴哥窟逐渐被森林淹没，除了少数当地人，外界几乎不知道它的存在。1586年，一位西方旅行家偶然游历到了吴哥窟，但他的发现在西方没有引起重视。1857年，一位法国神父把吴哥窟写进了自己的游历中，同样没有引人注意。直到1861年，法国生物学家亨利·穆奥偶然发现了这座古城遗址，震惊不已，他在著作中夸赞这里比古希腊和古罗马留下的遗迹更让人震撼，这才引起外界的关注。随着世人目光不断投递到这里，这座湮没半个世纪的古城重新焕发了光彩。

　　从布局上看，吴哥窟是一座长方形的城池，外面围有护城河，护城河里面又有围墙，围墙之内葱葱郁郁，中心是一座金字塔式的祭坛。

　　吴哥窟的护城河围绕城池，呈长方形，东西长1500米，南北长1300米，河面宽190米。护城河外岸有矮围墙，砂岩砌成。护城河在正东和正西各有一道堤，通往城池的东门和西门。通往东门的堤是土堤，西门因为是正门，所以通往西门的堤铺有砂岩板，据说古时候这道堤上铺有黄金。

　　护城河距离城池有30米，城外是一道长围墙。这道围墙东西长1025米，南北长802米，高4.5米。围墙正中有230米长的柱廊，柱廊中央开有3座塔门，其中中间的塔门是正门。这些塔门十分宽阔，能通行大象，所以也被称为象门。因为柱廊是可以游览的，所以塔门像是个交叉的十字路口，你可以纵向往里走，进入城中，也可以横向进入柱廊。塔门的顶部原先有装饰物，不过现在已经残缺不全。除了正面的塔门之外，围墙的其他三面也开有塔门，但都比较窄小，少有人走。

　　围墙之内是一个大广场，面积有82万平方米之广阔，主体建筑寺庙位于广场中心。这片广场并非真正的广场，而是当初皇宫和其他建筑的遗址所在地。当初这座城既是一座寺庙，也是国家都城，如今仅有寺庙保存了下来，其他建筑大都消失殆尽，只留下一些遗址，成了现在广场的一部分。

从西边的正门进城之后，有一条大道通往城中央的寺庙。这条大道长350米，宽9.5米，高出地面1.5米。这条大道南北各有七头眼镜蛇保护神位列，各有一座藏经阁，还各有一座水池，不过水池原先没有，是后人建的。

大道尽头是金字塔式的寺庙。寺庙共有3层，越往上面积越小，每一层都设有回廊。有人认为3层须弥台分别象征着国王、婆罗门和月亮、毗湿奴，而三层须弥台组成的这座金字塔式的寺庙则象征着印度神话中的须弥山，那是世界的中心。因为寺庙被认为象征着须弥山，所以城外的护城河又被认为象征着须弥山外的咸海。上面两层须弥台的位置并不是位于下一层的正中央，而是偏向东边一侧，这主要是考虑到朝向的问题，东边的台阶会比西边的陡一些。在金字塔式寺庙的顶层，矗立着五座宝塔，象征着须弥山上的五座山峰。这五座宝塔呈梅花点状分布，其中中间的宝塔最大，周边的四座偏小。这5座宝塔之间距离开阔，塔与塔之间有游廊连接。

吴哥窟的建筑用料主要是长方形的石块。在当时，唯有祭祀用的建筑可以用石料，其他建筑不能用，等级森严。当时皇宫的主要用料是木材，而普通百姓房屋的用料则是茅草和竹子，这也是为什么这些建筑后来都不见了，只有寺庙保留了下来。修建吴哥窟所用的石料取自40公里外的荔枝山，今天还能在这

▲吴哥窟　吴哥窟是吴哥古迹中保存得最完好的建筑，以建筑宏伟与浮雕细致闻名于世

些石料上看到当初为了运输留下的石孔。这些石料为灰色砂岩，密度很松，容易剥落，并且很难打磨平滑，这也是为什么很多浮雕面显得凹凸不平。除了灰色砂岩之外，吴哥窟的用料里面还有一种红土石。红土石一般被用在围墙和台基上，铺路也用它。

台基结构是吴哥窟的一大特色。因为湄公河时常泛滥，所以柬埔寨的很多建筑都有台基，避免被淹。久而久之，台基结构成为柬埔寨建筑的一项特色，即便河水不可能淹到的建筑，也都有台基。有人说柬埔寨建筑中的台基源自印度，而印度又是从希腊那里学来的。至于台基到底是受环境影响自发形成的，还是源自外邦，这一点已经无从查考。

长廊和石柱也是吴哥窟建筑的一大特色。在吴哥窟，没有单排的石柱，要么长廊一边有两排石柱，要么两边各有两排石柱。之所以如此，是因为吴哥窟的长廊拱顶都比较高，且跨度小，为了防雨，必须修偏廊，增加半个拱顶，这样一来，就需要两排石柱。有的两侧都有偏廊，就需要两边各有两排石柱。

吴哥窟的布局严格遵守对称的美学要求。首先是以中轴线为中心的南北对称，无论护城河、围墙、塔门、通往寺庙的大道，还是大道两侧的守护神、藏经阁、水池，以及金字塔状寺庙，都十分对称；再就是难度更高的旋转对称，从东、南、西、北四面看去，整座建筑是对称的，从西北、西南、东北、东南四个角看去，整座建筑还是一样的。

吴哥窟将古代建筑技艺发挥到了极致，将传统的宝塔、回廊、祭坛等和谐统一地组合到了一起，并且规模宏大、布局对称、细节精美，不愧是柬埔寨高棉建筑艺术的巅峰。

吴哥窟能以今天的面貌示人，离不开这些年一直进行的修复工作。当初刚被发现时，吴哥窟破败不堪，很多建筑被树根侵袭摧毁。人们先是对吴哥窟进行了清理，除去杂草和乱树，运走积土，后又稳定台基，将一些眼看要倒掉的建筑物稳固；最后用当地原始的材料和技术，按照古人的方法，复原了一些毁掉的建筑物。在各国专家的努力下，吴哥窟走出了濒危世界文化遗产的名单，不过修复工作今天仍在继续。

第六节　巴戎寺：回廊壁画见证古人生活

巴戎寺位于吴哥通王城的正中央，是古代国王阇耶跋摩七世修建的一座寺庙建筑，虽然在名声和规模上不及吴哥窟，但是仍旧不失雄伟和精美，是柬埔寨古代建筑的代表作之一。

从外形上看，巴戎寺与吴哥窟寺庙有些相似，都是3层建筑，也都是象征着古代佛教中的至高境界——世界中心须弥山。3层建筑中，下面两层台基为正方形，顶层是圆形宝塔。其中底层的台基南北长140米，东西长160米；第二层台基南北长72米，东西长80米。台基周围有围廊，据说围廊上面原本有木制的屋顶，但是经过这么多年风吹雨打，早已腐朽不见。

巴戎寺从外形上看属于金字塔式，下面两层台基，顶端一座宝塔，并且宝塔涂了金色，看上去更显庄重。有人从佛教角度解释，说之所以建成金字塔式，代表着地上的人与天上的佛将通过它来沟通。不过，也有一种说法认为，巴戎寺之所以呈现出今天这种样式，并非本意。起初修建了下面两层，用来拜祭湿婆，后来这座建筑改为大乘佛寺，人们便又在上面加了一座佛塔。也就是说，今天的巴戎寺是两座建筑叠加起来的产物。

台基的围廊上面都修有宝塔，台基中央也有宝塔，这些宝塔加起来一共是48座，呈现出众星拱月的姿态，围在中间最高的宝塔周围，蔚为壮观。而

更令人称奇的是每一座宝塔塔身上都有巨大的四面佛像。

四面佛雕像是巴戎寺最大的看点之一，也是当时高棉王朝国力强盛的体现。当你在佛塔中行走时，无论你身处哪个角落，总会有佛首面对你微笑，让人感受到佛的注视。佛首从容貌上看是典型的高棉人，据说那就是巴戎寺的修建者，当时的国王阇耶跋摩七世本人。可以想象，将自己的容貌做成佛像，让百姓天天膜拜，这对于一国之君来说，既满足了虚荣心，也有利于国家稳定。

巴戎寺的另外一大看点是回廊上的浮雕。巴戎寺的内外回廊上都有浮雕，内层的浮雕主要是一些神话和宗教故事，并没有多少新意，真正让人惊叹的是外层的浮雕。外层回廊上的浮雕多取材于现实生活，内容十分丰富，其中既有军队行军作战，又有人们生产劳作，还有集市交易、娱乐游行等，光是娱乐就有游行、斗鸡、下棋、马戏团等。这些雕塑作为当年历史的记录，对于研究当时的民俗和生活有着重要的意义。在缅甸古建筑中，如此世俗化的浮雕也是非常少见的，人们通过这些画面，仿佛回到了古代。关于巴戎寺历史上留下的文字记载很少，而这些浮雕以一种更形象的方式弥补了这一遗憾。

▲吴哥城中的巴戎寺

这些浮雕的内容帮助人们解答了一些历史上的疑问，比如，在古时候这里的人同时信奉印度教和佛教。当时的国君阇耶跋摩七世虽然信奉佛教，但是并没有排斥印度教，而是采取宽容政策，浮雕中印度教的神话和传说便是证明。多种信仰的穿插和融会，也使得巴戎寺成为神秘又吸引人的宗教圣地。

　　巴戎寺的建筑从整体上看有一种均衡和谐的感觉。它位于吴哥城的正中央，距离四座城门的距离相等，49座宝塔，加上5座塔式城门，代表着当时王朝下辖的54个省份。将全国的状况体现在都城之中，寓意自己统领天下，这也是古代帝王建筑的一个特点。

　　早上的巴戎寺，虽然空气清新，但是里面的采光不好。很多人早上到巴戎寺是为了看日出。傍晚的巴戎寺则呈现出另外一番风貌，不像上午那样人多，人潮渐渐散去，回归到佛寺的静谧气氛中。

第七节　天姥寺：400年历史的越南古刹

　　天姥寺又名灵姥寺，位于越南顺化城西郊香江北岸，是越南最著名的古刹之一。天姥寺始建于1601年，迄今为止已有400多年历史，当初是由阮氏始祖阮淦次子阮潢修建。据传说，当时有位老妇人预言，在将来皇上会来这里建一座寺庙。当时阮潢一心想当皇帝，他听到这样的话后，便主动来这里建了一座寺庙，便是天姥寺。当然，这只是个传说，真实与否已经无从考证。

　　天姥寺于1601年开始建造，1665年进行第一次修葺，1710年增添了一口重达3000多斤的大钟，以及一块2.5米高的龟驮石碑。1714年，天姥寺进行扩建，格局逐渐稳定下来。扩建后的天姥寺拥有天王殿、玉皇殿、大雄宝殿、说法堂、藏经楼、钟鼓楼、十王殿、大悲殿、药师殿等建筑几十座，非常壮观。

从布局上看，天姥寺有些像古代宫殿，前后分为几个院子，并有厢房。天姥寺的正门位于整体建筑的东北角上，寺门有3间屋架，颇为雄伟。进了寺门之后，是一座宽敞的院子，里面有很多年代久远的古柏树，树荫浓郁，让人一下子忘却了世间的烦恼。院子内外仿佛是两个世界，这里给人心灵上的释放感，也与寺庙的身份相符。往里走，再进一道门，可以看到两侧的花台和钟鼓楼。继续走，经过一处过道，可以到达另外一处院子，这里给人以豁然开朗的感觉。院子里有一处清泉，泉水流进一个池子，水波荡漾，鱼儿在水底徘徊，煞是好看。水池上方有一佛龛，里面立着菩提像。这座菩提女站像高5尺，为铜铸，外面敷裹着一层赤金，看上去神态安详，艺术价值极高。这尊佛像因为有石佛龛围拢保护，所以能历经几百年的战火并保存下来。佛龛的上方和两侧分别有横额和对联。

从水池两边沿台阶向上，便是正殿大雄宝殿。一般的寺庙都会有一座大雄宝殿，寺里的僧人早晚要在这里修持。为什么叫大雄宝殿呢？"大"是指蕴含万物，"雄"是指镇压群魔，释迦牟尼以其高超的智慧，心纳万物，镇降群魔，故被称为"大雄"，所以说大雄宝殿是指供奉

▲越南天姥寺

释迦牟尼等佛的殿堂。天姥寺的大雄宝殿高15米，采用斗拱结构营造，行道有大理石围栏装饰，雕梁画栋，金碧辉煌。殿内共侍奉佛像7座，还曾有一尊玉佛，洁白无瑕，通体圆润，后被移到了他处。

正殿两侧为南北厢房，南厢房为圣僧殿，北厢房为观音殿。观音殿里有观音塑像，另有善财童子塑像。厢房之外，另有南北耳房，南侧耳房为地藏殿，里面陈列有"十王朝地藏"塑像；北侧耳房是方丈室。北厢房之外是大悲阁，共有3层，楼厅里面立有4尺高观音像一尊。客厅中有屏风和古玩等摆设，挂有名人字画匾额若干。

除此之外，寺内还有弥勒殿、韦驮殿、祖堂、清心堂、般若堂、如是堂、藏经阁、斋堂等其他建筑。

天姥寺院是一个建筑组群，除了上面介绍的寺庙部分，还有福缘塔和天姥古驿道。福缘塔位于天姥寺前面，建于1844年，原本叫慈仁塔，也被称作天姥寺塔。福缘塔高21米，共有7层，呈八角形。因为传说佛祖有7种化身，故塔有7层，每一层里供奉一尊佛像，另有一尊镀金的笑佛。福缘塔外另有6尊雕像，守卫宝塔。因为天姥寺历来被看作风水宝地，寺后的山势又像是卧龙，所以有人说建造这座塔是为了锁住神龙。的确，福缘塔的造型远看就像是一把利剑插在了大地上。当然，这只是传说而已。

天姥寺外面有一条古道，是当初修建的驿道，也被看作天姥寺建筑的一部分。如今看来，这条驿道更大的价值在于积淀了当地几百年的历史和人文。现在的天姥寺驿道，一些路段上的鹅卵石圆润光滑，一看便是经历了几百年的风吹雨淋。

天姥寺在历史上经历了多次劫难，黎朝末年曾毁于战乱，1815年和1831年先后修复。后来法国占领越南，寺内的32尊金身佛像被盗。再后来，1904年的一场台风让天姥寺严重损毁，1907年再次被修缮。最近一次大规模修缮是在1975年。

第八节 大皇宫：珠贝、金箔、琉璃瓦的奢华皇家建筑

大皇宫位于曼谷市中心，紧邻湄南河，是泰国历代皇宫中规模最大、保存最完整、最精美、最能体现泰国建筑特色的王宫。

1782年，曼谷王朝的开国皇帝拉玛一世将国都从吞武里迁到了曼谷，之后他下令仿照旧都城的王宫修建新的王宫。在之后君主的努力之下，历经几代，终于建成了今天面貌的大皇宫。大皇宫并非指一座建筑，而是一个建筑群，由28座建筑组成，面积将近22万平方米。这座庞大的建筑群中，最出名的建筑是节基宫、律实宫、阿玛林宫和玉佛寺。在很长一段时间内，曼谷王

▼远望大皇宫

朝的君主都生活在大皇宫里，从拉玛一世到拉玛八世，都是如此。但是在1946年，拉玛八世在大皇宫内遇刺，出于安全的考虑，拉玛九世搬出了大皇宫，住到了东边的集拉达宫。

如今的大皇宫已经没有皇室人员居住，但加冕典礼、宫廷庆祝会等仪式还是会在这里举行，其余时间这里则开放游览。

大皇宫身处曼谷中心的闹市区，宫殿之前有一个椭圆形的广场，这个广场是王家田广场，一些皇家仪式会在这里举行，平时它只是一处游览场所。大皇宫由白色的高墙围绕，进入其中会有一种豁然开朗的感觉。大面积的草坪让人心情愉悦，繁茂的大树显示着这里的沧桑，又带有一点静谧，让人心情放松。在古树的枝叶缝隙里，那些高大的宫殿尖顶高高矗立，阳光照射在上面，又反射到游客眼中，让人仿佛看到了一池清水，波光粼粼。

进入院子之后，首先映入眼帘的是大皇宫的主殿——节基宫。节基宫是一座3层的建筑物，雄伟又华丽，是大皇宫中规模最大的建筑，由拉玛五世在1876年主持建造。"节基"在当地语言中的意思是"帝王"，其地位由此可见。因为修建的时候东西方的建筑交流已经十分频繁，可以看出，节基宫便是一座典型的东西合璧的建筑。从主体结构上看，这座宫殿采用的是英国维多利亚时代的建筑结构，但在建筑顶端，3个尖顶是典型的泰国建筑的处理方式。

节基宫地位重要，是大皇宫的中心。在它东面，是有名的阿

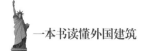

玛林宫。阿玛林宫主要由3部分组成，即拍沙厅、阿玛灵达谒见厅和卡拉玛地彼曼殿。拍沙厅是君王加冕的地方；阿玛灵达谒见厅是君王召见大臣、接见外宾的地方；卡拉玛地彼曼殿则是君王居住的地方，拉玛一世、二世、三世都曾在这里居住。

节基宫西面是律实宫，一座典型的泰国式建筑，是大皇宫里面最先开建的建筑之一。国王、王后、太后等人的葬礼都会在律实宫举行，所以其格外重要。陈设在这座建筑内的一些家具是古代泰国艺术的结晶，非常珍贵。

武隆碧曼宫是大皇宫内非常有特色的一座建筑，它完全是西式的。1909年，拉玛五世为太子建造了这座建筑。后来这里成了接见外宾的地方，一般不对外开放。

大皇宫不仅在建筑艺术上是一颗明珠，而且因为其中汇集了泰国的其他艺术精品，如绘画、雕刻、装潢等，被称作"泰国艺术大全"。

自从开放为游览场所之后，大皇宫成为曼谷最有标志性的景点。除了皇宫内的景色之外，大皇宫周围的大学、政府、国家博物馆、国家剧院、国家艺术馆，还有附近的曼谷守护神寺、王家田广场等，也都值得一看。这些周边的景致已经与大皇宫融为了一体。

第十四章 / 伊斯兰世界的建筑

伊斯兰教是世界上最重要的三大宗教之一，发源于西亚的阿拉伯半岛，随后传播到了东南亚、非洲东部和北部地区、欧洲东南部地区，一度还包括西班牙大部分地区。这些以伊斯兰教为主要信仰的地方发展出了极具特色的伊斯兰教建筑，其中最有代表性的是清真寺。清真寺是伊斯兰教徒做礼拜和举办宗教活动的地方，建有大厅、宣礼塔等设施。伊斯兰教建筑常常采用高塔、尖券、抽象装饰纹样等建筑元素。不过由于传播的地域广大，各地自然条件不同，原本的建筑传统也不同，因此不同地区的伊斯兰教建筑在统一性基础上又产生了丰富的多元性。

第一节　麦地那先知寺：穆罕默德亲自建造的清真寺

麦地那先知寺也称麦地那清真寺，坐落在沙特麦地那市中心的白尼·纳加尔区，是伊斯兰教史上第二座清真寺。

622年9月，由于遭到麦加城内贵族、富商和其他宗教首领的阻挠，穆罕默德率领信徒从麦加迁往麦地那传教，并修建了麦地那清真寺。据说，穆罕默德亲自参与了这座清真寺的修建，并率领教徒在寺内做礼拜。最早的清真寺规模较小，只是一个简陋空旷的院子，地上铺着石块，院墙用土坯砌成，用椰枣树干做梁柱建起了礼拜殿，屋顶则是用椰枣树枝和泥巴盖起来的。当时整座清真寺长52.5米，宽45米，内部也没有什么装饰，晚上靠油灯照明。尽管建造简陋，但该寺地位十分重要，不仅是伊斯兰教徒做礼拜的地方，还是穆罕默德传教和商议重大事宜的地方。

等到穆罕默德去世的时候，清真寺的规模已经扩大到2475平方米。后来的很多哈里发，包括欧麦尔、奥斯曼等人，都对它进行了改建和扩建。倭马亚王朝哈里发瓦利德在位期间，对其进行了最重要的一次重建，不仅几乎拆除了原来的全部建筑，重新修建了礼拜殿及附属设施，还把圣女法蒂玛的故居遗址合并到了寺内，扩大了规模，形成了清真寺院落式布局，并成为后来其他地方修建清真寺的典范。瓦利德还将这所清真寺命名为先知寺。

此外，阿拔斯王朝第三任哈里发马赫迪在783年，以及塞尔柱王朝苏丹扎西尔在1256年，都对先知寺进行过大规模建设。1589年，奥斯曼帝国苏丹穆拉德三世对先知寺进行了修建，并增设了大理石讲台。我们今天所见的先知

◀麦地那先知寺
从建筑的外墙、立柱、门窗、天花到
寺内的家具、陈设都充满了装饰

寺，是奥斯曼帝国苏丹阿卜杜勒·麦吉德一世于1848—1860年主持重建的，重建后总面积达1万多平方米。1955年，沙特阿拉伯政府又耗费巨资，对先知寺进行了大规模扩建，使全寺的总面积扩大为1.6326万平方米。

经过多次扩建，如今的先知寺已经成为一座庞大的建筑群，可容纳100万人进行礼拜，是世界上最大的清真寺之一。现在的先知寺有5道门，分别是西面的平安门、慈爱门，北面的光荣门，东面的妇女门和天使门；有5座宣礼塔，其中两座新建的尖塔高达70米，仅是地基就深达17米。大殿和过廊由232根圆柱、474根方柱，以及689个拱形门结构连接在一起，礼拜殿内开阔奢华，殿顶上装饰着众多水晶玻璃吊灯。

在露天的中心礼拜庭院，有著名的大理石宣讲台，是奥斯曼帝国苏丹穆拉德三世于1589年设置的。这个宣讲台共有12个台阶，现在已经是珍贵的文物。先知寺的东南角是圣陵所在地，先知穆罕默德的陵墓设在这里，圣陵边上是哈里发艾布·伯克尔和欧麦尔的陵墓，圣女法蒂玛的坟墓也在寺内，这些陵墓被黄铜栏杆隔开。每年都有无数世界各地来的伊斯兰教徒到这里祈祷和礼拜，以及瞻仰先知的圣陵。

第二节 麦加大清真寺：美丽的大理石清真寺

麦加大清真寺位于沙特阿拉伯麦加城中心，是伊斯兰教第一大圣寺，全世界伊斯兰教徒做礼拜的时候都会朝向这里。根据《古兰经》的启示，这里禁止凶杀、抢劫、械斗，所以又被称为麦加禁寺。

麦加城是伊斯兰教的圣地，是伊斯兰教创始人穆罕默德的诞生地。这座城市周围群山环绕，风景秀丽，同时历史悠久。在伊斯兰教创立之前，麦加城内就有一座克尔白大寺。"克尔白"的意思是"方形的房屋"，寺内有一个立方形石殿，也被称为天房。传说，克尔白最初是人类的始祖阿丹（亚当）所建，后来遭遇洪水被毁，由先知易卜拉欣重建。克尔白天房中有一块易卜拉欣留下的神圣陨石，石下供奉着当时各部落崇拜的多神教的各种神像。在610年左右，穆罕默德在麦加创立了伊斯兰教，并开始传教，在遭到掌

▲ 麦加大清真寺鸟瞰图

控克尔白大寺的贵族反对和迫害之后，于622年迁往麦地那。623年，穆罕默德决定将麦加的克尔白大寺作为礼拜时的朝向。从那时候开始，全世界的清真寺都会在大殿后面设置面向朝拜方向的"拜向墙"。拜向墙的中央会有一个为教徒指明麦加方向的装饰华丽的圣龛。

630年，穆罕默德率兵攻占了麦加，废弃了多神教，将克尔白大寺改为伊斯兰教清真寺，也就是今天的麦加大清真寺。当时这里是一片露天广场，除了克尔白天房外，没有别的建筑。638年，第二任哈里发欧麦尔扩建了院落，并修建了围墙。646年，第三任哈里发奥斯曼又对清真寺进行了扩建，并增修了廊檐。656年，清真寺增加了各种雕刻，还修建了第一座宣礼塔。到今天，大清真寺面积已达18万平方米，可同时容纳50万人做礼拜。

麦加大清真寺布局严谨，全寺围墙西北长166米，东南长近170米，东北近110米，西南约111米。大清真寺共有25道大门，上面有精雕细刻的装饰，其中3道最主要的大门为：阿卜杜勒·阿齐兹国王门、副朝门和和平门。大清真寺有7座高达92米的尖塔，其中6座分别竖立在3道主要大门的两侧，另外一座在圆顶边上。这些尖塔塔基宽7.7米，塔顶装饰有包金青铜月牙。大清真寺高24米的围墙将所有大门和尖塔连接起来，里面的阶梯用大理石铺成。环绕大清真寺的拱廊分为上下两层，大清真寺周围的大理石圆柱多达892根。

在宽阔、平坦的禁寺广场上中央偏南一点的位置，立着一座巍峨的立方形圣殿，这便是前面谈到的克尔白天房，它是全世界伊斯兰教徒朝觐的中心，被称为伊斯兰教的第一圣殿。天房南北长约12米，东西宽10米，高14米多。殿门面向东北方向，装着两扇金门，金门高3米，宽2米，离地约2米，用286公斤赤金制成。大殿的四个角分别称为伊拉克角、叙利亚角、也门角和黑色角，名字源自这些角朝向的地区。殿内立着3根大柱子，支撑着殿顶。

克尔白天房终年用黑丝绸帷幔蒙着，帷幔中腰和门帘上有金银线绣成的《古兰经》经文，这些黑丝绸帷幔每年更换一次，据说这一传统已经延续了

1300多年。天房外面东南角1.5米高的位置上，镶嵌着那块据说是易卜拉欣时遗物的陨石。这块陨石长约30厘米，褐色中略带微红，被伊斯兰教徒视作神物。朝觐时伊斯兰教徒会按逆时针方向游转天房，当他们经过这块陨石时，会争相亲吻这块圣石，或者举起双手，以示敬畏。圣殿东面有个小阁，4根柱子支撑一个圆顶，并且有铜栅栏围着，据说其中有当初易卜拉欣建造天房时留下的脚印。

麦加大清真寺内到处铺着洁白的大理石，无论墙壁、台阶，还是通道和圆顶，白天的时候在阳光下显得气势宏伟，夜里在水银灯的照耀下格外肃穆和神圣。

第三节　圆顶清真寺：耶路撒冷炫目的金顶清真寺

圆顶清真寺坐落在耶路撒冷老城东部的伊斯兰教圣地内，又称圣石圆顶寺、圣石殿、金顶清真寺等，欧洲人称其为奥马尔清真寺。它是已知留存下来的最早的伊斯兰教建筑之一，是伊斯兰教的圣地。

传说圆顶清真寺的修建与先知穆罕默德登天接受圣启有关。据说，619年的一天晚上，天使加百列降临人间，唤醒了穆罕默德，带他乘着会飞的天马，从麦加飞到了耶路撒冷的摩利亚山山顶，并在这里踩着巨石登天。天门打开之后，穆罕默德见到了真主安拉，穆罕默德聆听了真主安拉对他作的启示，这成为他一生的重大转折点。后来，穆罕默德登天的地方建起了一座清真寺，便是圆顶清真寺。圆顶清真寺中央位置有一块巨大的蓝宝石，长17.7米，宽13.5米，高1.2米，上面镶嵌着铜和银，周围被铜栏杆包围，被视作镇

寺之宝。据说，这块巨石便是当时穆罕默德登天的时候踩的石头，上面的一个凹坑被认为是当时留下的马蹄印迹。

圆顶清真寺是第9任哈里发倭马亚王朝的阿卜杜勒·马里克修建的，687年动工，691年完工。这座清真寺在风格上与传统的伊斯兰清真寺不一样，并没有一般清真寺都会有的宣礼塔，更像是一座纪念堂。它坐落在一个人工平台上，这个平台据说是犹太王希律时期创立的圣区的一部分。清真寺本身是一座带回廊的集中式建筑，平面呈八边形。这样的形式类似耶路撒冷橄榄山上4世纪修建的基督升天教堂，显然是受到了拜占庭时期纪念性建筑的影响。清真寺大殿内有两圈由圆柱和巨大柱墩构成的拱券柱廊将大殿分出了内外两道回廊：外圈柱廊呈八边形，由8个柱墩和16个圆柱构成；内圈柱廊为圆形，由4个柱墩和12个圆柱组成。内圈柱廊上架起一个开有16个窗的高鼓座，鼓座上面覆盖着高大的穹顶，高54米，直径约20米，宏伟壮观。这个穹顶虽然是11世纪重建的，但是基本保持原样，采用了双层木构壳体结构，外层轮廓稍稍向外隆起，下半部分近似球体，上半部分则呈圆锥状；内壳为半圆形，象征着天穹。穹顶下大殿的正中保存着那块最重要的圣石。

圆顶清真寺的外观从远处看呈现出一种浅蓝色，走到近处，才会发现

▲圆顶清真寺　位于耶路撒冷老城区

墙壁上的白色、黄色、绿色和黑色的装饰花纹。清真寺的外墙下半部分覆盖着大理石镶面，上半部分则是由壁柱分隔而成的半圆券浅龛。上半部分远看时时而发绿，时而发蓝，像是披了锦缎，非常好看。但这并非什么锦缎，而是由华丽的土耳其釉砖拼接起来的马赛克装饰。这些装饰图案多为植物和几何图形，以金色打底的葡萄藤图案最多。此外，还有数不清的阿拉伯文字图案。拼接这些图案用去了无数的各色大理石、珍珠贝和黄金粉。清真寺内部用暖色和黑白为主的彩色镶嵌装饰。光线通过建筑外墙和鼓座上的窄窄窗户照入，使得整个建筑内部柔和而美丽。

这座清真寺是世界上非常古老的清真寺之一，于7世纪建成，在此后的一千多年间，不断地翻修和扩建。1994年，约旦国王侯赛因出资650万美元，为圆顶清真寺的圆顶覆盖上了一层纯金打造的金箔，整个工程共用掉黄金24公斤。拥有金色穹顶的圆顶清真寺显得更加美丽壮阔，尤其是在早晨日出和黄昏日落的时候，金光闪闪的圆顶反射着太阳的光芒，散发出一种别样的美丽。

圆顶清真寺融合了东方和西方的建造技术与艺术，如今已经成为耶路撒冷最具标志性的建筑之一。

第四节　大马士革大清真寺：世界清真寺的建筑范本

大马士革大清真寺，也被称为倭马亚大清真寺，坐落在叙利亚首都大马士革旧城中央，建于8世纪初的倭马亚王朝时期，是世界上最有名的清真寺之一。

被誉为"天国里的城市"的大马士革是人类最早的城市之一,早在公元前2000多年,就有了人类定居点。1世纪罗马人在这里建了一座朱庇特神庙。4世纪,当罗马帝国将基督教定为国教之后,这座朱庇特神庙在379年被改为圣约翰大教堂。

636年,阿拉伯军队攻占了大马士革,把罗马人从这里赶回了欧洲。这座圣约翰教堂为基督教徒和伊斯兰教徒所共用。不过,到了708年,倭马亚王朝哈里发瓦立德·伊本·阿布杜·马利克决定将其改为伊斯兰教徒专用,于是下令摧毁圣约翰大教堂,并在原址上修建一座宏伟的大清真寺,就是大马士革大清真寺。作为交换条件,瓦立德同意在城区内修建4座教堂。清真寺于715年完工,之后屹立了一千多年。1893年,大马士革大清真寺发生了一场火灾,建筑设施损毁严重。火灾之后,奥斯曼帝国拨款重修了主殿。不过清真寺的原有格局基本得到了保留。

▲大马士革大清真寺

大马士革大清真寺远看巍峨壮观，是典型的伊斯兰风格。大清真寺的规模、方位以及布局受到了古罗马时期神庙圣区的影响，东西长158米，南北宽100米，主入口在西侧。寺院整体也采用了传统的院落式布局，中央内院位于清真寺的偏北位置，地面全部铺着瓷砖。院子中有三座小建筑，东边的穹顶小亭是钟室，建于780年，里面有古钟；西边镶嵌着马赛克的八角形穹顶建筑是藏经楼，里面藏有抄本的《古兰经》；中间的一座亭子是水房，建于976年，里面有一座大理石净洗池。内院的三面被拱廊所包围，剩下的南面是礼拜大殿的立面。拱廊高两层，下层交替布置两根圆柱和一个柱墩，上层的双分拱券和下层的每个大拱券对应。内院四周的墙壁内外都镶嵌着马赛克装饰。这些美丽的装饰图案由金沙、贝壳和石块镶嵌而成，以植物母题为主，有些地方还极富想象力地描绘了《古兰经》中天堂乐园中的村落、城市和宫殿等建筑场景。

大清真寺的主体建筑是内院南侧的柱厅式礼拜大殿，长136米，宽37米。大殿的进深方向被大理石柱子划分为三个宽阔的廊厅，它们顶部覆盖双坡屋顶，都平行于大殿最南端老圣区时就存在的南墙。这面墙朝向麦加，是信众们祈祷时必须面对的拜向墙，又被称为齐伯拉墙。拜向墙上设有4个镶嵌了黄金和宝石的半圆形拜向龛，其中一个是近代加建的，其他建造时期较早的3个拜向龛对称布局，最中央的一个刚好位于建筑的中轴线上。大马士革大清真寺的拜向龛是伊斯兰教建筑中最早出现的拜向龛之一。

礼拜大殿中最显眼的是大殿中央垂直于三个廊厅的巨大横厅，在它中心部位的上方覆盖着穹顶。最初建造的穹顶为木构双层壳结构，不幸于1069年毁于火灾。之后，塞尔柱王朝第三任苏丹立克沙一世时重新修建了一座石构穹顶，但这个穹顶同样没能逃脱被毁的命运。今天我们看到的穹顶是1893年火灾后重建的。横厅面向内院的北立面由一个大拱券和下两层每层三个小拱券组成，类似君士坦丁堡宫殿的大门样式。立面上大理石圆柱都采用了典型

的拜占庭建筑式样，甚至这些大理石柱子的顶端还有皇冠样式的装饰。

大殿内部也装饰得金碧辉煌。大理石柱子柱头统一被涂为金色，柱身、墙壁、宣讲台、梁柱、顶棚上，都有精致的花纹装饰，还镶嵌了瓷砖、五彩玻璃、黄金、宝石和各色贝壳，精湛的工艺把这里打造成了一件艺术品。在大殿的顶端，挂着一盏巨大的水晶灯，璀璨无比。

大马士革大清真寺有三座高耸精美的宣礼塔，从很远的地方就能看到它们。其中修建时间最早的是位于北院墙正中被称为"新娘塔"的方形塔，建于8世纪；位于南墙东端的方形塔叫"尔萨塔"，建于11世纪；位于南墙西端的八角形塔建于15世纪。

大马士革大清真寺在伊斯兰教建筑中拥有重要地位，它的布局组织有机严谨，很大程度上确立了清真寺的结构和模式，成为世界各地清真寺模仿的样板。它本身还是一座伊斯兰文化的博物馆，是伊斯兰文化的一块瑰宝。

第五节　科尔多瓦大清真寺：历史名城的地标建筑

在历史上，西班牙曾经是伊斯兰教的领地，也留下了许多或恢宏或精美的伊斯兰教风格建筑，科尔多瓦大清真寺是其中最具代表的建筑之一。

科尔多瓦是西班牙南部的一座历史古城。8世纪左右，最后一位倭马亚王朝直系成员阿卜杜勒·拉赫曼一世为了逃离阿拔斯王朝的迫害，在西班牙建立了后倭马亚王朝，以科尔多瓦为首都，并开始建设这座都城。科尔多瓦由此逐渐发展成为当时西班牙最重要的城市之一，鼎盛时期有500多个清真寺。其中科尔多瓦大清真寺是最华丽也是最有名的一座。这座清真寺历如今已经成为西班牙伊斯兰教徒心目中仅次于麦加和耶路撒冷的圣地。

科尔多瓦清真寺的前身是圣韦森特教堂，这座教堂修建于5世纪的西哥特王朝。785年，这座教堂破败坍塌之际，被改建成了清真寺。为了修建这座清真寺，阿卜杜勒·拉赫曼一世甚至聘请了来自巴格达和拜占庭的熟练工匠。最初清真寺的礼拜殿只建有11道进深为12跨并且垂直于拜向墙的柱廊，其中中央的柱廊比其他几道要宽。礼拜殿外设有内院。

当然这座清真寺在此之后还经历了3次扩建。第一次扩建发生在阿卜杜勒·拉赫曼二世时期。832—848年间，礼拜殿在进深方向（即朝麦加方向）增建了8个跨间。最为瞩目的第二次扩建发生在哈基姆二世统治时期，清真寺的礼拜殿继续在进深方向增设了12个跨间，还增建了祈祷用的壁龛。除此之外，哈基姆二世还为清真寺增加了大量的装饰，包括用名贵木材修造了哈里发宝座以及华丽的马赛克装饰。清真寺最后一次增建是在科尔多瓦哈里发鼎盛的希沙姆二世时期，礼拜殿在面宽向东北方向增加8个新的柱廊，内院也相应地被扩大了。

最终完全建成后的清真寺呈长方形，长约180米，宽约140米，依照麦加的方向纵轴线为东南方向。寺院外围有一圈围墙，这些围墙依照地势而建，高低不一，但最矮的地方也高达8米，最高的地方则达到了20米。围墙的上端最初设计有屋檐，可以为人们挡风遮雨，整条围墙更像是一条回廊。清真寺北面的入口处有一座高30米的钟楼，建于1590年，给建筑整体增加了表现力。走过钟楼的大门，便进到了清真寺的内院。

内院位于整个清真寺的前部，126米长，60米宽。它的后面便是最吸引人的126米×112米的礼拜大殿。这座大殿中立着18排科林斯柱子，每排36根，一共648根。柱子之间间隔很密，不足3米，进入其中仿佛走进了一片石柱树林。由于西班牙本地缺乏大块的大理石，这些柱子来源不一，有的从法国和西班牙的基督教教堂中掠夺而来，有的是从拜占庭帝国运来的。柱子之间只有横向通过两层拱券联系，下层拱券为马蹄形，上层为半圆形。两层拱券都是用红色和白色石块交替砌筑。为了展现拱券的结构美，两层拱券之间留空。靠近国王做礼拜的圣龛附近的拱券做得更为精致华丽，下层是花瓣形，上层还是半圆形，但两层之间还夹着两个反向的半花瓣形拱券。这种创新性的拱券做法同时也是一种装饰，带来了极为独特的美学效果，给人留下了深刻印象。

礼拜殿的屋顶主要由纵向一道道的双坡顶构成，和底下的柱廊相对应。不过，在圣龛的上方则突起一座八边形鼓座，鼓座下面便是圣龛的穹顶。这个穹顶的结构同样极富创新性，由两组四条肋券相互交叉45度支撑。这些肋券在穹顶的基底形成了复杂的图案，也同样形成了很强的装饰性。大殿内部光线不好，只有墙上的小窗透进一些光来。清真寺内的天花板都是由名贵木材制成，墙面上布满了装饰图案，整体上给人一种神圣与深邃的感觉。

▲ 远望科尔多瓦大清真寺

1236年，基督教徒们赶走了摩尔人收复了科尔多瓦，将科尔多瓦大清真寺变为基督教教堂，并逐步加以改造：教堂外面建设了小教堂，以及设立了贵族家族的墓地。到了16世纪，清真寺的外观已经发生了翻天覆地的改变，当时的查理五世大帝甚至提出要将内部全部改建为教堂。虽然科尔多瓦的市民甚至连当地的基督教徒都对改建教堂表示了反对，但是经过长时间的讨论和辩论，科尔多瓦大主教最终还是同意了查理五世的建议，在礼拜殿的中央建了一座非常普通的哥特式教堂。不过当1526年，查理五世亲自来到这座清真寺参观之后，被它的壮观和精美所震撼，后悔自己当初的决定。他痛心地说："你们建起的建筑在任何地方都可以建起，但是摧毁掉的却再也找不回来了。"

1984年，科尔多瓦大清真寺因为其丰富的历史内涵、出色的建筑艺术，被联合国教科文组织列入世界遗产名录。

第六节　阿尔罕布拉宫：山顶上的红色城堡

后倭马亚王朝之后，西班牙仍然被伊斯兰教政权统治了很长一段时期，阿尔罕布拉宫便是这一时期奈斯尔王朝最著名的一组建筑群，也是伊斯兰世界中规模最大最为著名的一座宫殿。

阿尔罕布拉宫位于西班牙南部的格拉纳达，建在城外东南方向一个险要的丘陵上。"阿尔罕布拉"在阿拉伯语中的意思是"红色的"，这里的红色有两重含义，一是指宫殿所处丘陵的山体为红色，二是宫殿的外墙由红色的砖砌成。9世纪开始，这里就已经修建了一座城堡。不过，宫殿的主体部分是

14世纪由奈斯尔王朝缔造者穆罕默德一世开始建造。这座宫殿同时也是一座城堡，既保留了伊斯兰建筑艺术的风格，也带有明显的自身特点，比如那厚重的城墙、敦实的堡垒，便是为了防范当时基督徒的袭击。

阿尔罕布拉宫遵循了伊斯兰西部地区宫殿设计的传统，建筑物围绕矩形院落修建，对称布局。整个宫殿面积很大，包括两个轴线相互垂直的主要院子——著名的桃金娘中庭和狮庭。它们的周围围绕着各类厅堂、房间和次要院落。

桃金娘中庭，又称"科马雷斯宫"或"水泉院"，是整个阿尔罕布拉宫中修建时间最早的部分。这个院落为南北向对称布局，长42.7米，宽22.6米，中央是一个长度几乎贯通院子南北的长方形水池，水很浅，水面如同一面镜子，倒映出周围的建筑。水池两端各有一个喷泉。水池的东西两侧是小路，路边有桃金娘树组成的篱笆，庭院正是由此得名。院子的南北两端都是7开间的拱廊，拱廊下方支撑的柱子都是由大理石制成。院子四周的拱廊和外墙上

▲阿尔罕布拉宫　摩尔人留存在西班牙所有古迹中的精华，有"宫殿之城"和"世界奇迹"之称

到处都是层层叠叠的精美雕饰，上面的图案都是典型的伊斯兰风格，包括植物、几何、蜂窝状和文字题材。整个庭院风格朴素宁静，体现了伊斯兰文化的灵性。

桃金娘中庭北面拱廊下的大门通往一个东西横向布置的前厅。这个前厅有一个形似船壳的木构天花，因此被称为"船厅"。船厅之后便是40米高的大使厅，又称为"朝觐殿"或"科马雷斯厅"。这里是当时举行外交和政治活动的地方。大厅内部边长约11米。地面和墙面的下部覆盖着华丽的彩色釉砖。墙面的上部装饰着几何图案或古兰经文和赞美国王铭文的石膏灰泥雕。顶部角锥形的拱顶天花装饰得十分华丽，七层交叉布置的八角形木构挑檐象征着传说中的七重天。

另外一个重要的院子狮庭位于桃金娘中庭的东南方，修建于奈斯尔王朝穆罕默德五世时期。这组建筑包括庭院本身和周围的四个厅堂，是当时国王和家人居住的地方，因此布局也更为私密。院子东西长35.4米，南北宽20.1米。虽然面积要比桃金娘中庭小一些，但是建筑更为精致，也更加有名。庭院的中央矗立着一个由12只白色大理石狮子组成的喷泉，庭院正是由此得名。由于伊斯兰教信奉的《古兰经》中禁止用动物作为装饰物，所以包括清真寺在内的很多伊斯兰建筑中都不会看到动物雕塑，但是阿尔罕布拉宫却将狮子的形象如此大胆地使用，也算是一个奇观。这些狮子口中涌出的水，顺势流到庭院地面纵横垂直相交的两条水渠中，又流向庭院周边拱廊和厅堂中的水渠，最后汇入桃金娘中庭的中央水池。这种处理手法巧妙地打破了室内外的界限。

狮庭院子四周有一圈拱廊，东西两头各设有一个凸出的方亭。拱廊和方亭都由打磨得十分光亮的细长大理石柱支撑，石柱共有124根，常常两根、三根甚至四根形成一组使用，这样的设计既保证了力学上的可靠，同时也具有别样的美，让人眼前一亮。廊道和方亭内的拱顶由木头制成，外面覆盖着华

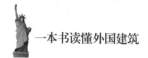
丽的石膏装饰。拱廊和方亭的外墙以及石柱上都有丰富细腻的雕刻装饰。

　　狮庭四周的四座厅堂分别是西面的穆加尔纳斯厅、东面的国王厅、南面的阿文塞拉赫斯厅、北面的两姐妹厅和达拉克萨观景阁。南侧的阿文塞拉赫斯厅平面呈矩形，屋顶中央有一个象征天堂的八角星形穹顶。东侧的国王厅由一系列交替布置的方形和矩形空间组成，每个空间的东侧还有装饰精美彩绘拱顶的凹室。院子北侧的两姐妹厅平面为正方形，因为其地面有两块完全相同的大理石板而得名。两姐妹厅的顶部是非常复杂而华丽的钟乳石状穹顶，体现了西班牙奈斯尔王朝时期艺术的极高成就。

　　可见，西班牙伊斯兰建筑独具特色的装饰在阿尔罕布拉宫得到了充分的体现。这座宫殿以其宏伟的体量和精美的装饰闻名于世，是摩尔人园林建筑的代表作，摩尔人把他们那灿烂文明的最后一抹光彩留给了世人。